U0815062

Logic

Change the Way of Thinking

极简逻辑学

改变你的思维方式

刘文凤　编著

企业管理出版社
EMPH ENTERPRISE MANAGEMENT PUBLISHING HOUSE

图书在版编目（CIP）数据

极简逻辑学：改变你的思维方式 / 刘文凤编著.—北京：企业管理出版社，2020.9

ISBN 978-7-5164-2201-4

Ⅰ.①极… Ⅱ.①刘… Ⅲ.①逻辑学—通俗读物 Ⅳ.①B81-49

中国版本图书馆CIP数据核字（2020）第163858号

书　　名：极简逻辑学：改变你的思维方式
作　　者：刘文凤
责任编辑：蒋舒娟
书　　号：ISBN 978-7-5164-2201-4
出版发行：企业管理出版社
地　　址：北京市海淀区紫竹院南路17号　　邮编：100048
网　　址：http://www.emph.cn
电　　话：编辑部（010）68701661　发行部（010）68701816
电子信箱：26814134@qq.com
印　　刷：河北宝昌佳彩印刷有限公司
经　　销：新华书店
规　　格：170毫米 × 240毫米　16开本　15.75印张　243千字
版　　次：2020年9月第1版　　2020年9月第1次印刷
定　　价：58.00元

前言
PREFACE

请你审视一下自己在生活中是否遇到有以下“症状”的人：同样都有大脑，有人思路清晰，有条不紊，有人却思路一片混乱；同样都是说话，有人出口成章，以理服人，有人却让人不知所云；同样都在辩论，有人掷地有声，有理有据，有人却毫无反击之力；同样都在生活，有人看破谎言，拆穿诡辩，有人却丧失判断能力……以上问题的根源就在于缺乏逻辑思维能力。

真正的财富和成功并不是单纯的金钱数字，而是拥有怎样的思维方式。有句话说得好：“学历是铜牌，能力是银牌，人脉是金牌，思维是王牌。”有了王牌，我们就有了获胜的底气和实力。

到底什么是逻辑呢？逻辑实际上是人通过概念、命题、推理和论证来理解或者区分客观世界的思维过程。世界上的事物虽千变万化，但从本质上来说，事物之间既有差异，也有联系。运用逻辑思维，我们可以运用类比、归纳和演绎等方式对相关知识进行比较，建构完整的知识体系，同时发展多元化的思维方法，克服思维定式。

说到底，逻辑思维能力是处理日常生活当中难题的必备能力，其最大的用途便是训练人的思维，减少错误的发生。当出现错误时，我们可以及时注意并规避或者纠正之。

当今是信息爆炸的新媒体时代，每天我们都能接触到海量的信息。你以为自己处在信息的汪洋中，实际上却被困在逻辑的孤岛上。因此，只有不断改进自己的思维方式，去伪存真，才能保持清醒的头脑，辨别真伪，避免绕进思维的怪圈而无法自拔，才能不被别人牵着鼻子走却浑然不觉，更高效地解决和处理工作与生活中的各种难题。

如果人生是一艘航船，在向目标航行的过程中，逻辑可以帮助我们解决航程中出现的各种故障，保证航船正常运行；如果缺乏逻辑的话，那么这艘航船一旦出现故障，就会遭遇被海浪颠覆的危险。

为了避免深陷逻辑陷阱，被各种纷繁的难题困扰，我们精心策划并编写了本书《极简逻辑学：改变你的思维方式》。

本书共分为17章，系统且深入地介绍了概念、命题、逻辑推理、逻辑规律、常见的逻辑谬误和逻辑思维方法等。本书摒弃了逻辑学刻板生硬的理论，通过生动有趣的语言、妙趣横生的案例，深入浅出地为读者介绍了逻辑学的各种知识，帮助读者学习逻辑学的精髓，让读者在轻松、愉悦的氛围中构建自己的思维体系，利用思考工具发现伪逻辑，做出正确的决策。

逻辑思维能力是一直伴随在我们身边的“终极法宝”，逻辑学并不简单，但掌握了逻辑思维能力，生活将变得简单，我们可以时刻保持理智，迅速反应，正确决策，在生活与工作中游刃有余。

编　者

2020年6月

目录
CONTENTS

LOGIC

第一章

逻辑学：改变思维方式，思考变得简单

虽然逻辑学听起来“高大上”，但是它离我们很近。它是一个得力的“武器”，我们的学习、生活和工作都离不开它。采用正确的逻辑思维方式，我们的思考能力才会得到显著的提升，思考也变得简单。

一 逻辑初探，认识“接地气”的逻辑学

一提起逻辑学，很多人认为它高深莫测，距离自己很遥远，而且逻辑思维看不见摸不着，无法直接感知。其实，逻辑学与生活息息相关，无论是思考去哪里游玩，还是决定中午吃什么，我们都会从自己已经掌握的信息出发，经过逻辑思考，最终得出结论。

有这样一道经典的数学推理题：

爱因斯坦问他的学生：“两个人从烟囱里爬进来，一个人的头发上满是烟灰，而另一个人的头发干干净净。你觉得两个人谁会去洗头？”

学生们不假思索地回答：“当然是头发上有烟灰的那个人了。”

爱因斯坦摇摇头，说道：“那可不一定。满头烟灰的人看不见自己的头发，他看到对方干干净净的，以为自己也很干净，而头发干净的人看到对方头发脏了，会以为自己头发也弄脏了。因此，反而是头发干净的那个人可能会去洗头。”

当我们注重逻辑推理后，往往可以通过事物的表面看出问题复杂的一面，这样有助于我们正确地认识问题和解决问题。

逻辑学一直借助载体“语言”来传递信息，说话有逻辑，能够让我们的话更容易被他人理解，从而帮助我们与他人顺利沟通，说服他人。

吴洋洋9岁，他平时学习不努力，父亲为了激励他，对他说：“洋洋，只要你期末考试考了100分，我就陪你去游乐园玩，好不好？”

洋洋开心地说：“一言为定。”

果然，洋洋在期末考试中真的考了100分。他一回到家，就对父亲说：“爸爸，你答应我期末考试考100分就陪我去游乐园玩，现在我考了100分，所以你要陪我去游乐园。”

上述案例中，洋洋运用逻辑推理说服父亲带他去游乐园。洋洋的话有着完整的逻辑推理过程，我们总结一下洋洋的推理：

假如我考了100分，爸爸就要带我去游乐园玩；

我考了100分；

所以，爸爸应该带我去游乐园玩。

整个逻辑推理过程非常流畅。

总之，只要有思维活动，逻辑学就会被运用。了解逻辑学，在生活中运用逻辑学，我们说话会更有条理，做事更有效率，更轻松地看清真相，更理性地处理问题。

二 认清海绵式思维和淘金式思维的区别

最常见的思维模式有海绵式思维与淘金式思维。这是两种截然对立的思维模式，会产生不同的行为特征。

（一）海绵式思维

海绵遇到水就会吸收，将水变成自己的一部分。海绵式思维就是这样的，只知道吸收，不管知识是否正确，先把知识储存起来再说。

海绵式思维的优势是吸收的知识量丰富，为以后的复杂思考打下基础，而且接收相对来说更容易，只要我们全神贯注，知识便会牢记在心。但是它有一个非常明显的劣势，它不会告诉我们哪些信息值得相信，哪些需要反对，久而久之，我们的思维可能固化。背诵英语单词和历史知识点就属于海绵式思维。

（二）淘金式思维

在沙漠中淘金，淘金者总会选择留下金子，抛弃其他杂质。淘金式思维就是选择最精华的内容加以吸收，忽略质量差的信息。这是一种主动参与的思维，信息的索取会经历去伪存真的过程。

现在是移动互联网时代，很多自媒体会通过标题吸引人们的关注，“UC震惊部”就是一个典型的例子。假如看到“震惊！百分之九十的人都在做这件对身体有害的事情！”这样的标题，淘金式思维者通常会非常震惊：天哪，百分之九十的人都在做，这种事是什么事？百分之九十？这个数据可靠吗？我在看时一定得小心查证。

淘金式思维也有自己的局限性，那就是排除了很多认知范围内的知识，眼界容易狭窄。

网上有过读书是精读还是速读的讨论，正好反映了海绵式思维与淘金式思维的区别。

读书要速读，还是精读呢？有些速读者对精读者嗤之以鼻，认为他们读得太慢，导致阅读量太少，知识面不足；有些精读者对速读者也不以为然，认为他们走马观花、囫囵吞枣，阅读量虽然大，却不求甚解，甚至断章取义，失去了阅读的乐趣。

可以这样说，这两种思维模式各有优缺点，没有哪种思维模式是绝对正确的，我们应该交互使用，才能获得更丰富、更有思辨力的信息。我们既要注重淘金式思维的主动索取和分析，也要通过大量的学习和汲取知识来充实自己。

三 别让主观想法影响客观认知

逻辑应该是理性的，若掺杂了主观想法，先入为主，就很难得到客观的结论。我们在生活中经常将客观现实与个人感觉相混淆，其实客观现实与个人感觉有着明显的区别。

客观现实可以通过观察得到大家共同的确认，比如，“屋里有一只猫”“院子里的土壤是褐色的”；个人感觉则是通过交谈和讨论确认的，常常出现互相说服的情况，比如，“这家店的衣服穿起来很舒服”“他买的零食不好吃”。客观现实的陈述通过非感性词语来表达，如“颜色”“形状”等，而个人感觉的陈述则通过非理性词语来表达，如“漂亮”“开心”“好玩”等。

客观现实能够通过逻辑推理得到论证，从而判断是真是假，而个人感觉不能通过逻辑推理进行判断。因此，在现实生活中我们要分清客观现实与个人感觉的区别，如果把自己的感觉当成事实，往往会产生误解，甚至闹出笑话。

古代，有个人丢了一把斧头，他觉得是自己的邻居偷走的，于是他每天注意着邻居的一举一动，邻居的任何行为都让他觉得邻居是小偷。看邻居走路的姿态，他觉得邻居鬼鬼祟祟，像个小偷；看邻居和自己说话的神色，感觉躲躲闪闪，像个小偷；看邻居和别人说话的神色，眼睛闪烁不定，还是像个小偷。

后来，他去山上砍柴时看到了自己的斧头。回来之后，他再看邻居的一举一动和神态，一点儿也不像个小偷了。

这就是寓言故事“疑邻窃斧”。这则寓言生动形象地说明了主观想法如何影响一个人对客观事实的认知。因此，我们坚持理性思考，不以自己的主观喜好来观察世界。与人交往时，不让自己的主观偏见蒙蔽双眼，不对偏见进行自我强化，避免恶性循环。

王硕和刘明关系非常好，两个人形影不离，遇事意见总是很一致。周川心里想，王硕应该是刘明的小跟班，要不怎么总是跟着他到处走，总是附和他的意见呢？

因此，当王硕和刘明讨论问题且意见一致时，周川就说：“我就说嘛，你王硕就是刘明的小跟班啊！”当王硕和刘明的意见不一致时，周川又说：“哈哈！刘明，你真是惨得很啊，连你的小跟班都不同意你的意见！”

除了主观偏见以外，还有一个非常普遍的现象，那就是“以貌取人”。下面这个小笑话反映的就是以貌取人不可取。

一个骑着自行车的人来到高档楼盘售楼处。

“请问你们这里还有房子出售吗？”

“有是有，不过我们这里可是高档楼盘，你最好到别处去看看。”

“不用了，我看好了，就选那个临江别墅吧，要两套。”

要想避免先入为主和主观偏见，我们应该培养自己的反省性思维，积极、主动地认识客观世界，面对问题和争议时要抛开自己的成见。

四 要想正确判断，莫要一厢情愿

一厢情愿是指以自己的个人好恶和个人意愿来判断事物，拒绝追究和探讨真相。简单来说，就是选择相信自己愿意相信的事情，选择相信让自己心里舒坦的事情。拥有一厢情愿思维的人，在行事上可能会一意孤行。

吴晓玲看到自己偶像代言了某款化妆品，不仅自己网购了一套，还乐滋滋地把这套化妆品推荐给同事。

一位同事看到品牌名称后，脸色一变，告诉她："晓玲，你被骗了，这款化妆品涉嫌虚假宣传，已经在新闻里通报了，你还是不要用为好。"

听到偶像代言的化妆品被同事否定了，吴晓玲火冒三丈，冲同事吼道："你知道什么啊，我偶像代言的能有错吗？"

结果，吴晓玲罔顾事实，非要使用这款化妆品，导致脸部出现过敏红肿，后悔不已。

一厢情愿的思维之所以产生，其根本原因是为了回避真相，逃避现实。那些执着于一厢情愿思维的人大多拒绝交流和沟通，拒绝讨论和探究事实真相和具体细节，因为探究真相会让自己的幻梦破灭，事实真相根本不是他们做出选择和判断的理由，他们的好恶和希望才是他们做出选择和判断的真正原因。

LOGIC

第二章

概念：给事物贴上特有的属性标签

概念是一切思考和分析的起点，只有明确事物的定义和概念，知道事物的属性，我们才能在交谈和思考的过程中沿着正确的轨道运行。“两个人说话不在一个频道上”，指的是谈话的话题不一致，这就属于概念不明确。明确概念，知悉事物之间的区别，对概念进行限制，是深入研究事物或者深入交谈的基础。

一 用词语给事物下个定义

人们在思考问题和分析问题时都需要有一个起点，所以人们通常要为思考和研究的对象给出准确的定义，明确其特有的属性。

概念，指的是人类在认识过程中，从感性认识上升到理性认识，把所感知的事物的共同本质特点抽象出来，并加以概括的一种思维形式。它是人类思维体系中最基本的构筑单位。

定义，是揭示概念内涵的逻辑方法，用词语给事物下定义，给事物贴上独特的属性标签，通过概念明确事物之间的区别与联系，可以为后面的交流或研究打下坚实的基础。

在日常工作和学习中，我们经常使用多种多样的概念来整理信息。如果把信息比作一个个文件，那么概念就是文件夹，起到整合归纳的作用。例如，“逻辑”是一个文件夹，“逻辑学”“逻辑思维”“逻辑推理”“逻辑悖论”等相关内容可被收纳其中。

明确概念的作用是巨大的。有了概念，我们就可以简洁地将复杂的事物表述出来，节省交流的成本。

电影《三傻大闹宝莱坞》中有一个非常搞笑的片段：

主角兰彻是一个非常聪明的学生，老师让他给“机械装置”下一个定义。他说：“能省力的东西就是机械装置，更详细点儿，机械装置能够让工作变得简单，也能节省时间。”

老师对此大为不满，认为他说的不是“机械装置”的定义。后来，另一个学生明确地把定义说了出来。那个定义非常长，但是老师表扬了那位学生，并让兰彻离开教室。

兰彻刚走了一半，就又走回来了。老师惊讶地问他为什么又回来了。

“我忘了拿东西。”

“什么？”

“记录、分析、总结、整理的工具，讨论并解释知识，有图片的、没图片的、硬皮的、软装的、订护封的、没护封的，有前言、简介、目录、索引，用于人类大脑的启示、理解、改进、加强和教育，通过视觉实现，有时也用触觉。”

老师不解地问：“你想说什么？”

兰彻说：“是书，我忘了拿书。”

老师生气地说道：“你就不能说得简单点儿？”

兰彻回应道：“我试过了，没用。”

该电影片段展现出概念和定义在交流中的巨大作用，如果将概念的内涵用直白的语言说出来，过于完整，无异于浪费时间，不利于沟通。

概念以词语为形式，但是它们之间并不是一一对应的关系。一个词语可以表达不同的概念，即一词多义。例如，“桃花”既可以指桃树开的花，也可以形容女子的美貌，甚至指代某个事物（桃花潭）。不同的词语可以表达同一概念，即多词一义，如“土豆”，还可以叫作“洋芋”“洋芋头”“山药蛋”“马铃薯”等。

正因为词语和概念之间这种复杂多变的关系，在生活或工作中，我们要使用准确的、科学的、规范的词语来给事物下定义，定义要合乎逻辑。

甲向好友乙借了10万元人民币用来做生意，并写了借条，承诺一年内还清。

一年到期后，甲因为经营不善，没有赚到钱，所以无法还清欠款，就和乙商量，打算先还5万元，剩下的5万元在一年之内还清，乙同意了。

甲为了省事，没有写新的借条，而是在原来借条的下边写了一句“还借款5万元”。

一年以后，当甲拿着5万元准备还给乙时，乙说：“还有10万元，什么时候还给我？”甲非常惊讶，明明自己一共借了10万元，已经还了5万元，还有5万元就还清了，怎么可能还有10万元？

乙指着借条说：“这不很清楚吗？你先借了10万元，后来又借了5万元。”两人对此争执不下，最后对簿公堂。结果，法院判决甲还需要还乙10万元。

撇开乙见利忘义的人品不讲，甲之所以受此损失，问题就在于“还”这个字出现了歧义，正确的写法应是“已归还借款5万元”。

二 明察秋毫，谨防偷换概念

“我感觉刘海亮越来越走下坡路了……”

“你行你上啊！”

“我只是评论一下，难道我评论一下电冰箱还要会制冷吗？”

我们在生活中遇到过很多偷换概念的现象，有时在与人争论或者辩解时常常会因对方偷换概念而被反驳得无话可说。

偷换概念是指将一些看起来一样的概念进行偷换，实际上改变了概念的适用范围甚至性质。偷换概念着重在“换”字上，它改变了事物的原意，以假乱真，是歪曲言论的逻辑谬误。诡辩者通常利用偷换概念的方式悄悄转换对方的言论，推翻其立场，从而获得“胜利”。

王强在鱼摊前买鱼。他看了很长一段时间之后，问卖鱼师傅：“师傅，这鱼新鲜吗？”

卖鱼师傅笑呵呵地说：“你看这鱼活蹦乱跳的，能不新鲜吗？怎么样，买几条吧？”

王强摇了摇头说：“那可不见得，我媳妇儿整天也活蹦乱跳的，但我没觉得有多新鲜。”

这则笑话中，卖鱼师傅和王强所说的“新鲜”不是同一个概念。卖鱼师傅是说这鱼新鲜，质量好，而王强说自己的媳妇儿不新鲜指的是情绪上的厌烦。王强无形中偷换了“新鲜”的概念。

除了偷换概念，混淆概念也是经常出现的一种逻辑谬误。混淆概念指的是在同一逻辑思维过程中，无意或有意地在不同意义上使用同一概念，或将一些表面相似的不同概念当作同一概念使用而导致逻辑错误。如使用者混淆了某个概念的使用范围或语境等。

商场经常组织“买一赠一”的促销活动，以此吸引消费者。消费者理解的“买一赠一”指的是购买商品后，再赠送同一件价值相等的商品。不过，商家的

“买一赠一”则是指消费者购买商品后再任意送其一件商品或礼品。因此，顾客可能购买了一套衣服，但商家赠予的是一根皮带；顾客购买了一桶花生油，商家赠予的是一只碗。

要想避免掉入他人挖掘的语言陷阱，我们要能识别偷换概念和混淆概念，清楚概念的本质，明确词语在不同语境中的不同含义，使其更好地服务于自己的工作和生活。

三 概念要明确，不让诡辩者钻空子

韩乔磊与赵立来到树林中打猎。他们看见一棵大松树上有一只可爱的小松鼠。这只小松鼠对他们很警惕，张大双眼紧盯着韩乔磊和赵立来。韩乔磊和赵立来围绕着这棵大松树走了一圈，这只松鼠也在树上绕了一圈。这时候，旁边观望的猎人问他们：“你们有没有绕着松鼠走了一圈？”

“有。”韩乔磊说。“松鼠在树上，我们已经绕着这棵松树走了整整一圈，当然也绕着这只松鼠走了整整一圈了。”

“不对不对。”赵立来马上表示反对，“我们根本没有绕着松鼠走一圈。要是我们已经绕着松鼠走了一圈的话，我们就应该从各个角度看到松鼠。但事实上我们却始终只看见松鼠的面部，而松鼠的其余部位都没有看到，这怎么能算绕着松鼠走了一圈呢？”

“哪有这样的道理，我们绕着松鼠走了一条封闭曲线，松鼠就在这个封闭曲线里，你还说没有绕着松鼠走一圈？”韩乔磊据理力争。

“那你看到松鼠的尾巴了吗？没有吧？”赵立来不甘示弱，“这怎么叫绕着松鼠走了一圈呢？”

就这样，韩乔磊与赵立来一边打猎一边讨论这个问题，直至打猎结束，他们还是没有争出个结果来。最后，他们只好去请教逻辑老师。老师听完两人的话后，哈哈一笑说：“我问你们一个问题，什么是‘绕着松鼠走一圈’？”

韩乔磊说："绕着松鼠走一条封闭曲线。"

赵立来说："要见到松鼠身体的各个部位。"

老师说："如果松鼠在树上不动，你们这两种解释是基本一致的。但你们看到的松鼠同时盯着你们走了一圈，就把你们的解释对立起来了。"

韩乔磊和赵立来说："那怎么办呢？"

老师说："办法只有一个，你们两人要对什么是'绕着松鼠走一圈'统一看法。如果统一了看法，那么对于是否绕着松鼠走一圈的问题就会得出一致的结论了。"

大家都知道，生活中使用的含糊语言常常会干扰清晰的思维。在平时的交流中，我们会遇到很多指代不明的词语。

我们都认同王健林、马云、李嘉诚等是富翁，但到底一个人有多少财产才称得上是富翁呢？"富翁"和"不是富翁"之间的分界点在哪里呢？这一点恐怕众说纷纭，难以说清。因此，在涉及"富翁"的话题时，就有必要对"富翁"做出详细的界定，统一标准。

只有理解了概念，遵守概念的使用规则，才能正确使用概念。

儿子第一天上学回家后，妈妈问他："儿子，老师今天都教你什么了？"

儿子偏着脑袋看着她，表现出很不在乎的样子，说："老师今天什么都没有教我，反而问我'一加二等于几'。"儿子停顿了一下，用骄傲的口吻继续说道："老师真笨，这么简单的题都不会做，以后还怎么当我们的老师啊？"

妈妈笑着说："那你是怎么回答的呢？"

儿子说："他不知道等于几，我只好教他，等于三。"

这则小故事中，儿子的回答很天真，让人觉得很好笑，这是因为他不懂得"教"的概念。"教"是指把知识或技能传授给他人的所有行为、过程或方式。故事中老师的提问"一加二等于几"，就是一种传授知识的方式，所以它属于"教"这个概念的范围。

概念必须要明确，不然可能会吃哑巴亏。

刘轩计划购买一件家具，由于家具价格很贵，按约定他向商家交了2000元订金，而商家却在相关票据上将“订金”改为“定金”，当时他没在意。

后来他不打算买了，便要求商家退还2000元订金，但商家却以《合同法》有关规定不予退款。刘轩这才意识到当初商家将“订金”改为“定金”就是为了扣下这2000元。

在民法上，定金指的是合同订立或履行前支付的一定数额的金钱作为一种担保。也就是说，当支付定金的一方不履行合同时，他会失去定金。订金指的是预付款，合同成立后订金作为合同款项的一部分支付。由于刘轩没在意它们之间的区别，吃了亏。

回到本节开头的那个案例，正是因为两个人没有明确“绕着松鼠走一圈”的概念，才导致两人的观念不一致产生争辩，而且争辩到最后都没有定论。要想有效沟通，所使用的概念必须是明确的，确保同一性，只有做到这一点才能避免概念不清造成的误会，拆穿故意模糊概念的诡辩，做到心中有数，在为人处世上更加清醒。

四 限制概念，特定概念特定语境

做人难。

做女人难。

做名女人更难。

做单身的名女人，难乎其难。

这是刘晓庆在《我的路》一书中说的一段话，这段话就涉及概念的限制。人、女人、名女人、单身的名女人，这四个概念构成了一个属种关系的序列，相互之间在内涵与外延之间存在反变关系。

反变关系，指的是概念的内涵增加之后，外延就相应地缩小；内涵减少，外延就增加。这种情况一般体现在具有属种关系的概念中，如活动—文娱活动，电影—国产电影—国产青春电影。

概念的限制有利于人们深化认识，更加具体、准确地表达思想，反映客观事物。刘晓庆的这段话通过不断增加“人”这一概念的内涵，给读者造成了一种情感冲击力，使其可以更好地体会作者所要表达的感情。

限制概念的常规手段是增加概念的内涵或者缩小概念的外延。

刘文佳在某中学某班担任文艺委员。有一次课间休息时，她对班里的全体同学说：“放学以后不要马上回家，有活动。”

一个同学问道：“什么活动？”

刘文佳说：“文娱活动。”

另一位同学问道：“什么文娱活动？”

刘文佳说：“看电影。”

最后一排的一位同学兴奋地问：“看什么电影啊？”

刘文佳说：“看国产电影。”

又有一位同学不耐烦地说：“哎呀，到底是看什么电影啊，你说清楚点儿！”

刘文佳说：“看《建国大业》，看了这部电影，每个人都要写观后感。”

刘文佳在回答的过程中，不断地限制概念，使活动内容越来越具体，最终让同学知道了活动的具体内容，完成了传达任务。

关于限制概念，苏东坡曾经有过一次绝妙的运用。

苏东坡任杭州刺史时，有一次去寺庙。老和尚见他其貌不扬，显得很冷淡，只说了一个字：“坐。”对小和尚说：“茶。”

和苏东坡交谈几句之后，老和尚发现苏东坡学识渊博，并非一般市井之人，于是改变了态度，说：“请坐。”又对小和尚说：“敬茶。”

最后，当老和尚得知此人便是大名鼎鼎的苏东坡时，立刻变得十分殷勤，憨笑着说："请上坐。"然后连忙叫小和尚："敬香茶。"

苏东坡临走之前，老和尚请苏东坡题词留念，苏东坡大笔一挥，写了一副对联。

坐，请坐，请上坐；茶，敬茶，敬香茶。

老和尚看了以后面红耳赤，恨不得找个地缝钻进去。

苏东坡利用限制概念的方法，寥寥数笔就勾勒出老和尚的心理变化过程，揭露了他的势利态度。

限制概念能够使人的认识更具体，对于准确使用概念有着重要的引导作用。因此，需要限制概念的时候必须限制概念，避免某些人钻空子。

五　概念分类，分清几种概念之间的关系

关系的种类多种多样，如"大小""远近"等，但任何两个事物之间都有一种最普遍的关系，那就是同异关系，这种关系存在数量、人、思想、物质等任何事物之间。

具体地说，a、b两种事物的同异关系可以说是"a是或不是b"的关系，即a可以全部是b，也可以部分是b，也可以全部都不是b。

a与b的同异关系主要有四种。

（一）全同关系

如果所有a都是b，而且所有b都是a，那么可以说a和b是全同关系，也可以称为同一关系。例如，《战争与和平》的作者与《安娜·卡列尼娜》的作者就是全同关系，因为两本书的作者是同一个人，即托尔斯泰。

如果两个概念是全同关系，则表示两个概念的外延是同一的，它们分别做一个命题的主谓项时是可以互换位置的，即《战争与和平》的作者就是《安娜·卡列尼娜》的作者，《安娜·卡列尼娜》的作者就是《战争与和平》的作者。

（二）属种关系

如果所有a都是b，而并非所有b都是a，这就说明a的外延被b包含，它们之间的关系是属种关系，也可以称为包含关系。例如，“险峻的高山”与“山峰”之间就是属种关系，“险峻的高山”的外延要小于“山峰”。

（三）全异关系

a与b的外延互不包含，也不交叉，相互独立，但它们同时被另一个概念c的外延包括，这时a与b的关系就是全异关系，也可以称为并列关系。例如，“铅球比赛”与“跳高比赛”都属于“田径比赛”，“铅球比赛”和“跳高比赛”就是全异关系。

还要注意一点，全异关系可以细分为矛盾关系和反对关系。矛盾关系是a与b的外延加在一起便是属概念c的外延。例如，“红色”与“非红色”同属于“颜色”的属概念，而且“非红色”包含了除红色之外的所有颜色，它们之间是全异关系，所以便是矛盾关系。

反对关系是a与b的外延之和小于属概念c的外延。例如，“川菜”和“粤菜”的外延之和小于“中国菜”，而且“川菜”与“粤菜”存在全异关系，所以它们是反对关系。

特别注意的是，属于矛盾关系的两个概念也可以叫作正概念和负概念，负概念都有一个论域，如果超出其论域，那么这个负概念就无效了。

某一建筑工人上班时忘记戴上安全帽，工长走了过来，说道：“你怎么不戴安全帽？照章罚款100元！”

工人灵机一动，狡辩道：“工长，您看入口处不是写着‘非工作人员不得入内’吗？安全帽不是工作人员，我这也是照章办事，所以没戴它进来啊！”

安全帽当然是“非工作人员”，但是因为“安全帽”这个概念已经超出“非工作人员”的论域，所以不能这样来理解。负概念的论域是该负概念以及正概念的外延之和。“非工作人员”的论域自然是“非工作人员”和“工作人员”的外延的总和，即“人”，而“安全帽”显然不在“人”的范围之内。

（四）交叉关系

a与b的外延部分重叠，即有的a是b，但有的a不是b，而且有的b不是a，这时两个概念之间就是交叉关系。例如，“青年”和“教师”的关系就是交叉关系，因为有的青年是教师，但有的青年不是教师，而且有的教师也不是青年。

六 概念划分，分门别类更清晰

下定义是明确概念内涵的方法，而明确概念的外延则需要运用划分的方法。划分就是将一个概念的外延分为几个小类的逻辑方法。例如，把“星星”分为“恒星”“行星”“彗星”和“卫星”四个小类。

明确划分概念的外延，能够起到明确概念的作用。例如，“三角形”可以划分为“直角三角形”“锐角三角形”“钝角三角形”，划分出三个小类之后，“三角形”的概念就十分明确了。

一个大类划分为若干个小类之后，大类便是划分的母项，小类是划分的子项。

上述例子中的“三角形”便是划分的母项，而“直角三角形”“锐角三角形”“钝角三角形”是划分的子项。

母项划分为子项时必须依据一定的标准，这个标准可以是一个属性，也可以是几个属性。

“树木”的大类根据树叶的情况这一属性可以划分为“针叶树”和“阔叶树”两个小类。

“脊椎动物”的大类根据生殖方式、体温、心脏结构、身体表面情况等属性划分为“哺乳动物”“鱼类”“鸟类”“爬行动物”“两栖动物”。

划分不可随意，而是要遵循一定的规则，否则会引起分类混乱、概念不明确，引起误会。

划分主要遵循以下三条规则。

（一）划分的各个子项必须是全异关系

各个子项之间必须互不相容，属于全异关系，不然就会犯“子项相容”的错误，即一些事物既属于这个子项，又属于那个子项。人们在思考问题和分析问题时，都需要一个起点，所以人们通常要为思考和研究的对象给出准确的定义，明确其特有的属性。

例如，把“教师”划分为“男性教师”“女性教师”“小学教师”“中学教师”“大学教师”，这种划分就犯了“子项相容”的错误，因为男性教师和小学教师、中学教师、大学教师之间存在交叉关系，女性教师和小学教师、中学教师、大学教师之间也存在交叉关系。再如，把“干部”划分为“年轻干部”“老年干部”“地方干部”“中央干部”，这种划分也犯了“子项相容”的错误，因为年轻干部和地方干部、中央干部之间有交叉关系，老年干部和地方干部、中央干部之间也有交叉关系。

（二）各子项之和必须穷尽母项

这条规则要求母项必须被完全划分，不能出现遗漏，子项之和如果不穷尽母项，就犯了“子项不穷尽”的错误，这种划分也被称为不完全划分。

例如，“生物”这个母项的正确划分应包括“动物”“植物”“微生物”三个子项。如果仅将“生物”划分为“动物”和“植物”两个子项，那就犯了“不完全划分”的错误，其子项“动物”和“植物”两个子项的外延之和会小于母项“生物”的外延。

与不完全划分相反，多出子项划分是子项种概念外延之和大于属概念的外延。例如，“直系亲属”这个母项的正确划分应包括“父亲”“母亲”“爱人”“子女”四个子项。如果将其划分为“父亲”“母亲”“爱人”“子女”“兄弟”“姐妹”六个子项，就犯了“多出子项划分”的错误，其子项的外延之和大于母项的外延。

（三）每次划分必须按同一标准进行

划分必须按照同一标准，否则会导致子项相容，或者各子项之间的关系不明确，违反这一规则就会犯“多标准划分”的错误。

例如，将“教师”划分为“物理教师”“数学教师”“语文教师”“政治教师”“高级教师”，这个划分前面的标准是教师所授专业，而后面“高级教师”的划分标准是教师职称，这就不是同一标准，犯了“多标准划分”的逻辑错误。

一天，实验小学五年级某班的同学准备到一家敬老院打扫卫生。到了敬老院的大门口，班主任王老师开始给同学们分派工作。

王老师说：“第一小组打扫餐厅，第二小组打扫房间，第三小组打扫走廊和楼道，班干部擦窗户，女生帮助老人洗衣服。大家都听明白了吗？如果都明白了，就赶快行动吧！”

王老师的话音刚落，几个迷惑不解的同学问道：“老师，我究竟该干什么呢？”

班长刘晓莉也问道：“老师，那我究竟应该参加第一小组打扫餐厅，还是擦窗户，还是帮助老人洗衣服呢？”

第二小组的组长、班级宣传委员张明也问：“老师，我是应该去打扫房间，还是擦窗户？”

王老师感觉到自己的分派有问题，马上改口说：“我再说一遍，所有的女生到水房去洗衣服，男生中的所有班干部擦窗户，剩下的同学里第一小组打扫餐厅，第二小组打扫房间，第三小组打扫走廊和楼道，这次大家都明白了吗？”

大家齐声说道：“明白了！”

从上述例子可以看出，王老师第一次分工时用了三个不同的标准，一是“小组”，二是“班干部”，三是“性别”，这就导致种概念的外延互相交叉，有些同学不知所措。例如，班长刘晓莉，既是第一组组员，又是班干部，还是女生，如果按照王老师的第一次划分方法，那么她作为第一组成员应该打扫餐厅，作为女生又应该洗衣服，作为班干部又要擦窗户，她肯定会对自己该做什么非常糊涂。

王老师在第二次分工时对“同学”做了三次的连续划分，她先把同学划分为男生和女生，接着又把男生划分为班干部和其他同学，然后又把其他同学按小组进行了最后的分工。这样大家就明白了自己的职责，可以各司其职。

LOGIC

第三章

命题：分清是非，做错误表达的“终结者”

在日常生活中，我们免不了要对事物进行某种判断。我们做出的判断不仅要符合客观事实，还要在语言上符合逻辑关系，否则可能导致逻辑谬误，使人分不清是非，获得错误的信息。

一 命题：表达判断的语句

在学习中我们经常遇到“命题”这个词，但这并非命题的全部含义。在生活中我们时常用到命题，它们大多是表达一种判断的语句。但是需要注意的是，“判断”与“命题”有着很大的区别，判断是单纯地表现既定事实，命题不是指判断本身，命题是包含有逻辑关系的定义所观察对象的语句。

不同的判断语句表达出相同的语义时，它们就是同一命题。例如，“水是透明的”与“Water is pure”是不同的判断，却是同一命题，因为它们表达的语义相同。

命题是一种判断语句，但命题与语句的关系是非常复杂的，常常有以下几种情况。

（一）同一语句表达不同命题

如果没有严格的限定，某些同一语句常常会表达出不同的命题。

例如，“学生在座位上写字。”这句话有两种解释：

“学生坐在座位上写字。”

“学生将字写在座位上。”

为避免引起误解，一定要认真分析说话的场景，准确理解语句所表达的命题。不过，在平时的语言表达中，还可以通过它表现出幽默的效果，展现语言魅力。

一个小伙子长得高大英俊，但打扮得比较另类。他非常喜欢一个姑娘，就上前搭讪道：“你看我这身打扮怎么样？帅不帅？”

姑娘对他的样子很反感，说道：“看到你这副模样，我就想起了大海。”

小伙子一听这话开心得不得了，说：“您真会夸人，是啊，我这副打扮仿佛使人看到了大海的波澜壮阔，非常吸引人。你觉得我们……”

姑娘在小伙子表露情意之前打断了他的话：“不，你想错了，我晕船，一看到大海就想吐。”

（二）不同语句表达同一命题

不同语句表达同一命题，能够丰富表达形式。运用不同语句表达同一命题，在人际交往时能够委婉地说出某些不便于直接说出来的话语。

在美国的一家电影院，经常有女观众戴着高帽看电影，这让后排的观众极为不满。他们一起向电影院经理提出意见，要求发出禁止通告。经理说：“禁止不妥，只有提倡戴帽才行。”大家感到十分失望。

第二天，在电影播放前，银幕上出现一则通告：“本院为了照顾高龄女客，允许她们照常戴帽，不必摘下。”通告一出，所有女观众都自觉地把帽子摘了下来，无一例外。

对西方国家的女性来说，哪怕年龄已经五六十岁，都不愿意承认自己是高龄女客。因此，通告一出，女性观众为了自己的面子，都自觉地摘掉了帽子。

观众所提的“禁止戴帽”的意见和电影院经理“提倡戴帽”的答复，以及银幕上的通告，从表面上看好像截然不同，但实际上它们表达的是同一个命题，都是对女观众看电影时戴帽现象的否定，只不过后者的表述比前者要婉转、恰当，而且实际效果要比前者好得多。

（三）有时命题不一定用语句来表达

在某些特殊的语境下，人们借助一个表情、一个动作、一个标点都能很好地将命题表达出来。

法国著名作家雨果完成了《悲惨世界》这部小说的创作，把书稿寄到出版社。他每天都会查看信箱，希望可以尽快获得出版社的答复。雨果等了4个月，仍然杳无音信，他等不及了，就给出版社写了一封信，信的内容只有一个大大的问号。

不久以后，雨果收到了出版社寄来的回信，信的内容只有一个大大的感叹号。收到这封信不久，《悲惨世界》就迅速在法国顺利出版，继而在世界文坛引起热烈反响，成为当时备受人们追捧的名著。

在这个故事中，雨果和出版社都只用了一个标点符号来表达命题，但其所表达的意思都很明确。雨果用问号询问出版社："贵社对我的作品是否满意？有需要修改的地方吗？"出版社则用感叹号回复雨果："你的作品非常棒！肯定会出版的。"

二 选言命题：至少有一个是真的

选言命题是反映事物多种情况且至少存在一种情况的命题。根据选言之间是否具有并存关系，选言命题还可分为相容选言命题和不相容选言命题。

相容选言命题指的是在判断事物的可能性时，至少存在一种可能性的命题，这种可能性有可能会大于一个。

他学习成绩不好，或者是因为他的学习方法不对，或者是因为他的基础差，或者是因为他不够努力。

这个小家电不受顾客欢迎，或者是因为价格太高，或者是因为质量差。

一个人学习成绩不好的原因很多，也有可能是多种原因同时存在；一个小家电不受欢迎的可能性也不止一种。

我们发现，在相容选言命题中，联结词一般是"或者……或者……"。

不相容选言命题指的是在判断事物的可能性时，只存在一种可能性的命题。

这个三角形，要么是锐角三角形，要么是直角三角形，要么是钝角三角形。

单独拿出一个三角形，它只存在一种可能性，不能既是直角三角形又是锐角三角形。

一般情况下，不相容选言命题的联结词是"要么……要么……"。

一位律师经常赖账，收钱的时候很积极，一旦债主催他还钱，他能找出很多不还钱的理由，所以被很多人诟病。

有一天，律师的妻子突发心脏病，病情严重，已经进入昏迷状态。律师急忙找来医生，并对医生说：“您赶快想办法抢救我的妻子吧，我很爱我的妻子，如果她不在了，我的生活也就失去意义了。”

医生在对律师妻子的病情做出正确判断后，说：“您妻子的病情不容乐观，您要做好思想准备。”

律师急切地说道：“无论您是救活了我的妻子，还是医死了我的妻子，我都会付给您急救酬金。”

尽管医生知道律师经常赖账，但凭着救死扶伤的责任心，并看在律师说话的态度及其对妻子的爱的份儿上，他全力抢救律师妻子。但由于律师的妻子病情太重，最终还是没能抢救过来。

过了一段时间，医生到律师办公室索要出诊酬金，律师不高兴地说：“是你因为误诊医死了我的妻子吗？”

医生摇摇头，回答道：“您的妻子病情太重，您当时恳求我，我才尽力而为，我的抢救方式和用的药物都没有任何问题。”

律师又问：“你把我的妻子救活了吗？”

医生觉得很奇怪，明明律师的妻子没有被抢救过来，为什么他还要明知故问呢？他回答道：“没有救活您的妻子，我已经尽力了，但因为病情太重，无能为力，恐怕世界上最好的医生也无法救活她。”

律师说：“那对不起，我不能支付你急救酬金。”

医生说：“为什么？您当初说过给我急救酬金啊！”

律师狡辩道：“我之前的确说过给你支付酬金，但既然你没有把我的妻子抢救过来，也没有因为误诊医死她，这两点都没做到，我为什么还要付你酬金呢？”

医生一听，哑口无言。

这位律师狡辩时运用的就是不相容选言命题。“救活”和“因为误诊而医死”是两个前提条件，只能有一个是真的，也就是说，律师的话可以理解为“您要么因为误诊医死了我的妻子，要么救活了我的妻子，我才能支付酬金。”而正是因为医生在救治律师的妻子时并不符合这两种情况，所以医生无法抓住律师狡辩的破绽。

三 联言命题：全部都是真的

联言命题是指反映几个对象共同存在的命题，其最基本的特点是“各项共存”。一个联言命题是真的，当且仅当它的各个联言支命题（也称“联言支”）都是真的才可以，也就是说，只要有一个联言支命题是假的，联言命题就是假的。

例如，“张晓丽长得既高又瘦”，只有在支命题“张晓丽长得高”和“张晓丽长得瘦”都成立的情况下，这个命题才成立。

又如，“写好一篇作文，不仅要有丰富的材料，还要有一个明确的主题”，只有在支命题“写好一篇作文要有丰富的材料”和“写好一篇作文要有明确的主题”都成立的情况下，这个命题才成立。

关联词“……和……”“不仅……还……”“既……又……”“不但……而且……”等是联言命题中常见的联结词。

值得注意的是，关联词“……和……”容易让人产生误会，因为“关系命题”中也存在这个关联词，大家一定要注意区分使用，免得闹出笑话。

上小学的乐乐和洋洋是好朋友，他们在一个班级，成绩特别好。一次，班长在家长会上向家长介绍乐乐和洋洋，指着他们俩说：“乐乐和洋洋是好学生，也就是说，乐乐是一个好学生，洋洋也是一个好学生。乐乐和洋洋是好朋友，也就是说，乐乐是一个好朋友，洋洋也是一个好朋友。”

班长说到这里，家长们都哈哈大笑起来。

家长们之所以哈哈大笑，是因为班长混淆了联言命题和关系命题。“乐乐和洋洋是好学生”与“乐乐和洋洋是好朋友”从语言形式上来看非常相似，但性质不同，前者是联言命题，后者是关系命题。关系命题表示的是两者之间的关系，是不能被分解为两个支命题的。

刘舜天有三个儿子，个个都非常淘气，而且三人还互不相让。为了更好地教育儿子，让他们协作，刘舜天制作了一个可以安装三把锁的公用橱柜，用来装三个儿子喜欢玩的足球。

刘舜天对儿子们说：“你们手里各有一把钥匙和一把锁，如果你们答应我一个要求，我就给你们换一个更好的足球。这个条件就是：如果你们想踢球的话，只有当三个人都在的时候才能去踢足球。你们能做到吗？”

三个儿子异口同声地说道：“能！”其中一个儿子说：“爸爸，我们只要采取一种锁法就能符合你提出的条件。”

儿子所说的锁法就是三把锁竖排，每一把锁都配一个合页，共同锁住橱柜。这样一来，只有当“第一个儿子打开自己的锁，且第二个儿子打开自己的锁，而且第三个儿子打开自己的锁”的时候，这个橱柜门才会被打开。也就是说，当“三个儿子都打开自己的锁”为真时，“橱柜门被打开”才为真，只要有一个儿子没有打开锁，橱柜门就不能被打开。

联言命题的联言支命题有时是并列关系，有时是递进关系。处于并列关系的联言支是可以任意改变位置或顺序的，而递进关系的联言支则不能那么随意。如果违反这一点，就可能导致“颠倒顺序”的逻辑错误。

“我们不但要认识世界，而且要改造世界。”

因为认识世界和改造世界是递进关系，只有先认识世界才能改造世界，有先后之分，所以这句话就不能说成“我们不但要改造世界，而且要认识世界”。这就是“颠倒顺序”的逻辑错误。

“先生弟弟后生哥，生了姐姐生外婆”，这是对某些分不清亲属关系的人的嘲讽。其实，递进关系的联言命题如果颠倒了顺序，就如同“先生弟弟后生哥”一样荒唐。

四　假言命题：说话也要讲条件

不了解假言命题的定义，可能会误解假言命题是说假话的命题，将其与“假命题”混淆。其实，“假言命题”中的“假”并非“真假”的“假”，而是

“假如”的“假”，表达的是一种条件关系，陈述某一事物的存在或不存在是另一事物存在或不存在的条件。因此，假言命题又被称为条件命题。

如果天下雨，地就会变湿。

只有年满18周岁，一个人才有选举权。

如果他不在，你就没有办法和他谈心了。

假言命题还可以细分为三种：充分条件假言命题、必要条件假言命题和充分必要条件假言命题。

（一）充分条件假言命题

充分条件指的是指定两种事物分别为p和q，有p一定有q，但没有p未必无q。

例如，“如果天上下雨，地就会变湿。”“天上下雨”是“地变湿”的充分条件，但“天上不下雨”不一定能够推出“地不湿”这一结论，可能是“有人往地上倒了一盆水”而导致的。

英国侦探小说女王阿加莎·克里斯蒂所著的《尼罗河上的惨案》中，女富翁林内特被杀，比利时侦探波洛对此展开调查。在调查期间，林内特的女仆路易斯和作家奥特伯恩太太相继被杀，使案情变得更加复杂。

奥特伯恩太太被杀后，波洛突然想起路易斯被杀前说过这样一句话：“假如我睡不着觉，假如我站在甲板上，也许我会看见那个凶手进入我太太的客舱。”尽管这句话是用虚拟语气说出来的，但波洛认为这句话非常重要：“如果路易斯没有看到凶手，那么她就不敢也没有必要用虚拟语气说出这句话。”路易斯说出这句话的目的，很有可能是在向凶手要挟。波洛又做出判断：“如果路易斯没有见到凶手，那么她是不会被杀的。”

顺着这条线索，波洛终于找到了凶手。

在这个故事中，路易斯说的那句话“假如我睡不着觉，假如我站在甲板上，也许我会看见那个凶手进入我太太的客舱”和波洛说的那句话“如果路易斯没有见到凶手，那么她是不会被杀的”都属于充分条件假言命题。

（二）必要条件假言命题

必要条件指的是：无p一定无q，但有p未必有q。

例如，“只有年满18周岁，一个人才有选举权。”“年满18周岁”是“有选举权”的必要条件，如果“没有年满18周岁”，一定“没有选举权”，但“年满18周岁”也不一定“有选举权”，因为这个人可能由于某种原因被剥夺选举权，或者想拥有选举权还需要其他条件。

一般情况下，必要条件假言命题可以用“除非……否则……”的句式来表达。

（三）充分必要条件假言命题

充分必要条件指的是：如果p则q，并且只有p才q；如果p则q，并且如果非p则非q，还可以表示为“p当且仅当q”。例如，“三角形的三个内角相等，当且仅当三边相等。”在这一命题中，“三角形的三个内角相等”和“三角形的三边相等”互为充分必要条件。

假言命题的运用有时能够在生活中促进沟通，取得幽默的交流效果。

大作家萧伯纳收到一封来信，一位年轻女歌手在信中对他说：“我非常崇拜您，大作家。我想，如果我们能结婚生子，我们的孩子将来具备您的聪明和我的容貌，这是一件多么快乐的事情啊！”

萧伯纳回信说：“可是，如果将来我们的孩子有您的头脑和我的模样的话，那可就惨了。”

五 真假命题：真真假假分不清

命题是包含逻辑关系的定义所观察对象的语句，它对某个事物做出一定的判断。在逻辑学中，一个命题的真值只有两种情况：真或者假。如果命题的条件成立，其结论也必定成立，这就是真命题；如果命题条件和结论互相矛盾，这就是假命题。

要证明一个命题是真命题，需要进行严格的推理论证，而说明一个命题是假命题，只需举出一个符合命题条件，但又无法满足命题结论的例子即可。

（1）中国是第二次世界大战时期反法西斯的重要力量之一。

（2）俄罗斯是世界上面积最大的国家。

（3）历史上的皇帝都很昏庸。

（4）只要多读书，就一定可以发财。

在以上句子中，（1）和（2）是真命题，（3）和（4）是假命题。“历史上的皇帝都很昏庸”这一判断明显不符合事实，因为历史上有很多开明的皇帝，如唐太宗、康熙、雍正等；在“只要多读书，就一定可以发财”的判断中，多读书能够增加发财的机会和能力，但并不是一定就可以发财，因为能发财的条件有很多。

我们要注意，不要混淆“假命题”与“负命题”。假命题指的是判断不符合事实的命题，而负命题指的是对命题的否定。也就是说，当且仅当原命题是真命题时，负命题才是假命题。

例如，“张老师是一位道德高尚的老师”，这个命题的负命题是“并非张老师是一位道德高尚的老师”。如果“张老师是一位道德高尚的老师”为真，其负命题则为假；如果“张老师是一位道德高尚的老师”为假，其负命题则为真。

需要注意的是，负命题的否定词一般放在一个命题的前面或后面，其标准形式是“并非……”或者“并不是……”，在日常表述中也会使用“……是假的”来表示。

六 隐含命题：不要被表面意思迷惑

隐含命题指的是表达或者陈述观点时不用显而易见的方式，而是暗中包含某种隐藏含义，即一个命题中包含着另一个命题。我们遇到这种情形时，一定不要被表面字眼迷惑，要认真查看和思考，找出其中真正的含义。

很多成语表现了隐含命题，如“一语双关”“指桑骂槐”“含沙射影”等。与人交流时，我们要把握对方的言下之意和弦外之音，从表面的语句中听出隐含的另一层意思。

李海平在火车站玩手机，当他打算到包里拿车票时，发现自己的手提包不见了。他赶紧四处查看，发现不远处一名男子正拎着他的包向前走。他赶紧冲上去喊道：“喂，你为什么拿我的手提包？”

那个人一愣，随即说：“噢，对不起，我的包和你的一样，拿错了。”这名男子立即把包还给李海平，然后快步走向门口。

值班民警看到这一幕，发现有点儿不对劲，赶忙拦住那名男子，说：“你自己的手提包呢？”

那名男子听了民警的话，目瞪口呆。民警将他带到派出所审问，才发现他是一个惯偷。

民警之所以对这名男子产生怀疑，就是因为“拿错了”这句话。这句话其实隐含另一个命题——“我应该拿自己的包”。但那名男子归还包以后并没有寻找自己的包，而是急匆匆地离去，民警进而产生怀疑。

通过隐含命题，我们不仅能够发现生活中的不合理现象，还可以主动运用隐含命题说出委婉的话，避免直言叙述得罪他人。

张伟在外打工几年，攒了一些钱，于是回到家乡办了一家服装厂，很多邻居成了自己的员工。由于熟人多，而且很多人是张伟的长辈，再加上这些人以前自由惯了，一下子很难做出改变，因此服装厂的管理问题让张伟很头疼。

有一次，张伟来到车间考察，发现几个工人在抽烟，他们头顶上就有一张“禁止吸烟”的提示牌。张伟自然不能允许这种明目张胆的违反纪律的行为。如果对这种行为不加以禁止，不仅很难管理其他人，还会为服装厂的安全埋下隐患。

但这几个人是自己同姓的叔叔和伯伯，直接训斥显然会伤害大家的感情，但不禁止肯定也不行。于是，张伟想了一个很好的办法，他笑着从口袋里掏出一包烟，一人递给一根，然后真诚地对他们说：“各位叔叔、伯伯，咱们一起去外面抽烟吧！”

这几个工人听了这句话立即明白自己违反了纪律，而张伟还在为他们保全面子。于是，他们都自觉地不再吸烟了。

张伟正是通过隐含命题来劝阻工人在车间吸烟的。“各位叔叔、伯伯，咱们一起去外面抽烟吧”，这一命题的隐含意思是“车间内禁止吸烟”。

七 直言命题：是或不是，全在一句话

直言命题是断定事物是否具有某种性质的简单命题，又称性质命题。

直言命题分为四个部分，即主项、谓项、量项和联项。主项一般用S表示，谓项用P表示，而联项包括“是”和“不是”，量项包括“所有”“任一”“有的”“有些”等。

下面的几个例句都是直言命题。

（1）所有的罪犯都应受到法律的严惩。

（2）所有的人都不是长生不老的。

（3）有的哺乳动物是卵生的。

（4）有的企业家不是从大学毕业的。

直言命题的结构形式比较复杂，如下表所示。

命题名称	表现形式	缩写	简称
全称肯定命题	所有的 S 是 P	SAP	A 命题
全称否定命题	所有的 S 不是 P	SEP	E 命题
特称肯定命题	有的 S 是 P	SIP	I 命题
特称否定命题	有的 S 不是 P	SOP	O 命题

通过观察上表可以发现，例子中的句子分别对应表格中的命题形式。这四种命题之间的关系主要分为矛盾关系、差等关系、反对关系和下反对关系。

（一）矛盾关系

A命题与O命题、E命题与I命题的关系属于矛盾关系，它们之间不能同真，也不能同假，因而必有一真，也必有一假。因此，如果知道其中一个命题为真，就可以推出另一个命题为假，反之亦可。

例如，“所有的人都需要氧气”，这是个全称肯定命题（A命题），根据这个命题为真，可以推出“有的人不需要氧气”这个特称否定命题（O命题）为假；又如，由“所有的马铃薯都不是动物”为真，可以推出“有的马铃薯是动物”为假。

刘明和好友张准一起阅读千古名篇《滕王阁序》，当他们读到“落霞与孤鹜齐飞，秋水共长天一色”时，禁不住拍手叫绝。张准感慨道：“可惜王勃这样一位天才，才26岁就去世了，看来智力早熟的人都是早亡的啊！”

刘明反驳道：“你怎么能这么说呢？”

张准又一次肯定地说道：“是啊，所有智力早熟的人都是会早亡的。”

刘明说：“不对，有的智力早熟的人就不是早亡的，白居易五六岁就能作诗，9岁就能通声律，但他活到了74岁。”

张准叹了口气，说道：“好吧，我认输了。看来只能说有些智力早熟的人是会早亡的。”

上述案例中，张准的话属于全称肯定命题，而刘明的话属于特称否定命题，这两者之间是矛盾关系，不能同真，也不能同假。因此，我们可以根据其中一个命题的真假推断另一个命题的真假。刘明已经通过证据表明自己的特称否定命题为真，那么张准的全称肯定命题必为假，所以张准只能认输。

（二）差等关系

差等关系又称从属关系，A命题与I命题、O命题与E命题之间就是差等关系。差等关系指的是同为肯定或否定的全称命题和特称命题之间的关系。

如果全称命题为真，则相应的特称命题为真；如果特称命题为假，则相应的全称命题为假；如果全称命题为假，则相应的特称命题无法推出真假；如果特称命题为真，则相应的全称命题真假不定。

例如，如果“所有事物都是运动的”（A命题）为真，则“有的事物是运动的”（I命题）为真；如果“有的好人是罪犯”（I命题）为假，则“所有好人都是罪犯”（A命题）为假；如果“所有的单位都参加了义务献血”（A命题）为假，则“有的单位参加了义务献血”（I命题）真假不定。

（三）反对关系

反对关系指的是A命题与E命题的关系。A命题与E命题之间不能同时为真，但可以同时为假。也就是说，有一个命题为真，另一个命题必为假；有一个命题为假，另一个命题则真假不定。

例如，“我们班同学都学过日语”（A命题）与“我们班同学都没学过日语”（E命题）是反对关系。如果“我们班同学都学过日语”为真，那么“我们班同学都没学过日语”为假，但如果“我们班同学都学过日语”为假，那么“我们班同学都没学过日语”则真假不定，因为可能有的同学学过，有的同学没有学过。

（四）下反对关系

下反对关系指的是I命题与O命题的关系。I命题与O命题之间不能同假，但可以同真。也就是说，由一个命题为假，可以推出另一个命题为真，但是由一个命题为真，不能推出另一个命题的真假。

例如，“有些饼干是咸的”（I命题）与“有些饼干不是咸的”（O命题）是下反对关系。如果“有些饼干是咸的”为假，则“有些饼干不是咸的”则为真；

如果“有些饼干是咸的”为真，那么“有些饼干不是咸的”则真假不定。

八 关系命题：事物之间有联系

我们在认识客观事物时，除了认清事物的性质以外，还要认识到事物之间的联系。

关系命题就是陈述事物之间关系的简单命题。例如，“李雷和韩梅梅是同学”就是关系命题，它表明李雷和韩梅梅之间存在同学关系；“沈阳在北京的北方”也是关系命题，它表明沈阳和北京存在位置关系。一般来说，句子包含“大于”“位于”“朋友”等字眼，就可以判断该命题为关系命题。

（一）对称关系命题

对于两个特定对象a和b来说，如果a同b存在关系，那么b同a也存在相同的关系，这就是关系命题的对称关系。

李勇和张涛是兄弟。（张涛是李勇的兄弟。）

除此之外，还有两个概念——非对称关系和反对称关系与此相似，但不相同。

（1）李梅认识韩震。（韩震可能认识李梅，也可能不认识李梅。）

（2）王占涛是王晓丽的父亲。（王晓丽绝对不可能是王占涛的父亲。）

（1）句表述的是非对称关系命题；（2）句表述的是反对称关系命题。

生活中常常有人混淆对称关系、非对称关系和反对称关系。

例如，“李勇是张涛的兄弟，但张涛不一定是李勇的兄弟”，这是把对称关系说成是非对称关系；“李梅认识韩震，韩震也一定认识李梅”，这是把非对称关系说成是对称关系；“张强是张紫的亲戚，但张紫不是张强的亲戚”，这是把对称关系说成是反对称关系；“刘传是杨凯的哥哥，但反过来，杨凯也是刘传的哥哥”，这是把反对称关系说成是对称关系；“这件事，我虽然支持她，但她绝对不支持我”，这是把非对称关系说成是反对称关系。

（二）传递关系命题

传递关系命题是用来判断几个对象之间的关系能否传递的关系命题。一般情况下，传递关系命题的关系项有三个以上。

传递关系命题可以分为以下三种情况。

1. 传递关系

张涛的年龄比李磊大，李磊的年龄比王华大，则张涛的年龄比王华大。

一般情况下，上属与下属关系、包含关系、大小比较关系等属于传递关系。

2. 反传递关系

张涛是张力的父亲，张力是张晓的父亲，则张涛不是张晓的父亲。

3. 非传递关系

吴昊认识刘静，刘静认识张玲。吴昊有可能认识张玲，也有可能不认识张玲。

现实生活中很多人把非传递关系误当作传递关系。

张强到北京游玩，在北京工作的大学同学刘红和吴灿抽出时间陪张强一起游览了很多风景名胜，晚上大家一起去餐馆用餐。用餐期间，张强问他们住在哪里。刘红说：“我住的地方离北海公园很近。”张强又问吴灿住在哪里，吴灿说：“我家离北海公园也很近。”

张强若有所思地说道：“哦，看来你们住的地方相距很近了。”

刘红与吴灿说：“不，你说错了，我们住的地方离得挺远的。”

张强迷惑了。

刘红和吴灿说的“我住的地方离北海公园很近”是一个非传递关系命题。因为他们两个人住的地方可能一个在北海公园东边，一个在西边，那么相距就较远了。

一位农民给阿凡提送来一只兔子。阿凡提请他进屋，好好地招待了他。过了一个礼拜，有个人来到阿凡提的家，对阿凡提说：“我是上个礼拜给您送兔子那个人的朋友。”阿凡提把他请进家里，又热情地招待了他一次。

又过了一个礼拜，阿凡提的家里又来了一个农民，他对阿凡提说：“我是上一次给您送兔子那个人的朋友的朋友。”阿凡提又把他请进来，好茶好饭招待了一番。

又过了一个礼拜，又有一个人早早地在门外敲门。阿凡提开门一看，一个穿着邋遢的中年人站在门口，对他说道：“我是那个给你送兔子的人的朋友的朋友的朋友。”

阿凡提还是以礼相待，把他也请进了家里，然后从厨房里端出一碗清汤，放在他面前。阿凡提很客气地对他说：“请用餐，朋友。”

“这是什么啊？”这个人问阿凡提。

“这就是你那个朋友的朋友的朋友送的兔子做成的兔子汤的汤的汤。”阿凡提回答道。

朋友关系并不是传递关系，来访的人都想通过朋友关系来分一杯羹，结果被聪明的阿凡提机智地“回敬”了一番。

九 模态命题：必然还是偶然

客观事物在发展过程中所具有的一种无法避免、必然如此的趋势，我们称之为事物的必然性。

例如，人不吃饭必然会感到饿；冰块经过加热，到一定程度后一定会融化。这些都是必然会发生的情况，这就是事物的必然性。

客观事物在发展过程中所具有的可能发生也可能不发生的趋势，我们称之为事物的偶然性。例如，骗子可能在某个时刻欺骗某些人；你若不吃饭，可能在一个小时后会感到饿。

在逻辑学中，“必然”“可能”“不可能”都是“模态词”，包含这些词语的命题一般叫作“模态命题”。

模态命题一般分为四类，分别是：必然p，不可能p（必然非p），可能p和可能非p。

这四个命题之间也可以相互转换，转换的方法如下表所示。

模态命题	等价形式	例句
必然 p	不可能非 p	人必然会死→人不可能不死
可能非 p	不必然 p	他考试可能不会通过→他不必然会通过考试
可能 p	不必然非 p	他可能会得病→他不必然不会得病
不可能 p	必然非 p	赵琴不可能说谎→赵琴必然不会说谎

某个夏季，特大暴雨时常对北方进行一番洗礼。一天傍晚，小孙子问在院子里乘凉的爷爷："爷爷，天气预报说明天又要下雨了。"

爷爷说："根据我的观察，明天不必然下雨。"

小孙子说："那您的意思是明天肯定不会下雨了。"

爷爷说："不对。"

小孙子迷惑了。

我们知道，"不必然p"的等价形式是"可能非p"，所以爷爷的意思是"明天可能不会下雨"，而不是"明天一定不会下雨"。

生活中我们还可能遇到运用直言模态命题的情形。直言模态命题，就是直言命题和模态命题结合而成的新命题，如"有的鸟不一定会飞""可能所有的动物都是从水生生物进化来的"。

为了在平时的交流中避免误解，我们有必要了解如何等价转换直言模态命题。这里告诉大家一个小窍门，依次将原命题中的词语转换成相对应的替换词。以"不可能所有的学生都不能通过考试"为例，首先要删去开头的否定词"不"，将"可能"替换为"必然"，将"所有的"替换为"有的"，将"不能"替换为"能"。于是，上面的命题就等价转换为"必然有的学生能通过考试"。

LOGIC

第四章

逻辑推理：有理有据，做逻辑论证的高手

通过一些信息，如何推断出某个未知的结论？这就需要用到逻辑推理。逻辑推理是由一个或几个已知的判断推导出一个未知结论的思维过程，分为演绎推理、归纳推理和溯因推理等。学会逻辑推理后，在进行逻辑论证时，就会如虎添翼，所向披靡。

一 直接推理：新的命题由此产生

直接推理是以一个直言命题为前提而进行的推理，主要是通过改变原命题联项或者将原命题主谓项位置相互置换而推出新的结论。一般来说，直接推理有三种形式，分别是换质法、换位法和换质位法。

（一）换质法

换质法，就是通过改变原来直言命题的质，将陈述从肯定变成否定，或者从否定变成肯定，在谓项前加上“非”而得出新命题的直接推理。这种情况下，主谓项的位置不发生变化，所有命题都可以进行换质法的直接推理。

所有马都是动物。→所有马都不是非动物。（$SAP \rightarrow SE\overline{P}$）

所有读书人都不是傻的。→所有读书人都是不傻的。（$SEP \rightarrow SA\overline{P}$）

有的作品是世界名著。→有的作品不是非世界名著。（$SIP \rightarrow SO\overline{P}$）

有的学生不是团员。→有的学生是非团员。（$SOP \rightarrow SI\overline{P}$）

上述逻辑推理形式中后项的“$\overline{P}$”代表的是“非P”。

（二）换位法

换位法指的是将直言命题的主项和谓项相互调换位置，但保持质的不变而得出新命题的直接推理。也就是说，原来是肯定命题，新命题仍然是肯定命题；原来为否定命题，新命题仍为否定命题。

所有合法行为都不是犯罪活动。→所有犯罪活动都不是合法行为。（SEP→PES）

所有的植物都是需要阳光的。→有些需要阳光的东西是植物。（SAP→PIS）

需要注意的是，如果在前提中不周延的词项，在结论中也不得周延。周延，指的是直接或间接对主项或谓项的全部外延做了断定。

由于“需要阳光的东西”是做出全部外延的谓项，所以它是周延的。而在换位后，作为前提，它应该是不周延的，所以需要加上“有些”来限制范围。

有些学生是班干部。→有些班干部是学生。（SIP→PIS）

此外，SOP是不能换位的。因为当SOP换位为POS时，S由不周延变为周延，违反了换位原则，会由真命题得到假命题。

“有的人不是大学生。”

从这一句话中，我们无法推出“有的大学生不是人”。

在日常语言表达中，人们有时会在说完一句话以后再把话倒过来说一遍，这样才能把话说得透彻。不过，并不是所有人都能准确地把话倒过来说。

一个相声段子就形象地反映了这类人。

甲：会说话的人可以把话倒过来说。不信？我这就说。用人不疑，疑人不用；会者不难，难者不会；男人不是女人，女人不是男人。

乙：好了好了，不必往下说了。这样倒过来说的话，那我也会说。你听：来者不善，善者不来；狗是动物，动物是狗。

甲：哎，不对，不对！难道动物都是狗吗？

乙：咦？怎么我倒过来说就不行了呢？那您接着说，我先好好学学。

甲：好，你再听听啊！有医生是女人，有女人是医生；有学生是观众，有观众是学生。

乙：好了，我现在真的会了。有姑娘是演员，有演员是姑娘。这怎么样？

甲：行，再往下说。

乙：好。有人不是演员，有演员不是人。

甲：嗨！有你这样说话的吗？你自己就是演员，难道你不是人吗？

在这个相声小段中，乙闹了两次笑话：第一次是从“狗是动物”推出“动物是狗”；第二次是从“有人不是演员”推出“有演员不是人”。之所以如此，是因为乙不懂得换位法的规则。

在“狗是动物”这句话中，“动物”属于做出全部外延的谓项，所以在换位时应当加上“有些”来限制其范围，即“有些动物是狗。”

前面已经讲过，SOP不能换位，而“有人不是演员”正是SOP，所以换位后出现逻辑错误，令人啼笑皆非。

（三）换质位法

换质位法，是换质法和换位法的结合。运用换质位法时，一般先对直言命题换质，然后换位，由此得到一个新的直言命题。

下面是有效的形式。

（1）$SAP \rightarrow SE\bar{P} \rightarrow \bar{P}ES$

所有未经反省的人生都是没有价值的。

换质后：所有未经反省的人生都不是有价值的。

换位后：有价值的人生都不是未经反省的。

（2）$SEP \rightarrow SA\bar{P} \rightarrow \bar{P}IS$

不想当元帅的士兵不是好士兵。

换质后：不想当元帅的士兵都是不好的士兵。

换位后：不好的士兵是不想当元帅的士兵。

（3）SIP不能换质位

SIP换质后成为$SO\bar{P}$，但$SO\bar{P}$不能换位。

（4）$SOP \rightarrow SI\bar{P} \rightarrow \bar{P}IS$

有些诗歌不是讲平仄的。

换质后：有些诗歌是不讲平仄的。

换位后：有些不讲平仄的也是诗歌。

实际上，只要符合相应的规则，可以先换质，再换位；也可以先换位，再换质。

例如：所有植物都含有叶绿素。

先换位：有些含有叶绿素的东西是植物。

再换质：有些含有叶绿素的东西不是非植物。

张志炫为人热情，但就是不会说话，所说的话语往往伤到人。

有一次，他邀请四位朋友来家做客。到了饭点，只来了三位朋友。

等了一会儿，张志炫自言自语地说："这该来的怎么还不来啊！"

其中一位朋友不高兴了："什么意思？该来的不来？那我就是不该来的

啊！”这位朋友气呼呼地走了。

张志炫很郁闷，又说道：“唉，不该走的又走了！”

旁边的一位朋友在心里嘀咕：“不该走的走了，那我就是该走的啊！”这位朋友也悄悄地溜走了。

这时，就剩下一位朋友了。这位朋友指责张志炫：“兄弟啊，以后说话可得注意点儿，哪有你这么说话的啊？‘不该走的走了’，人家听了不走才怪呢！以后可别这么说话了。”

张志炫解释道：“兄弟，我没有说他们俩啊！”

最后一位朋友吃惊地说道：“闹了半天，你说的是我啊，那我也走吧！”

结果，张志炫一个朋友也没留住。

张志炫说的话可以通过换质位法加以分析。

张志炫说的第一句话“该来的不来”，先用换质法推出“该来的不是来的”，再用换位法推出“来的不是该来的”。

第二句话“不该走的走了”，其实就是“不该走的是走了的”，先用换质法推出“不该走的不是没有走了的”，再用换位法推出“没有走了的不是不该走的”，再用换质法推出“没有走了的是该走的”。这分明就是在下逐客令，朋友听了当然会生气地离开了。

最后一句则是选言推理的范畴，后面将会详细讲解。

二 三段论：大小前提导出一条结论

三段论是从两个前提推出一个结论的演绎论证。它反映了人类思维的习惯性运作，通过观点的联系推导出结论。

三段论只包含三个词项，而且每个词项恰好出现两次。词项包括大项、小项和中项，其中结论的谓项是三段论的大项；结论的主项是三段论的小项；结论中不出现、在前提中出现两次的项是中项。

没有英雄是胆小鬼；

有的士兵是胆小鬼；

所以，有的士兵不是英雄。

“士兵”是小项，“英雄”是大项，结论中没有出现的“胆小鬼”是中项。需要注意的是，大项和小项一定出现在不同的前提中，包含大项的前提是大前提，包含小项的前提是小前提。因此，“没有英雄是胆小鬼”是大前提，“有的士兵是胆小鬼”是小前提。

当我们针对三段论展开讨论时，首先要熟悉它们的结构，确认它们的组成部分。一般来说，直言三段论的符号模式为：

所有M是P；

所有S是M；

所以，所有S是P。

三段论是否有效完全取决于具体内容和题材。对于上述三段论，无论用什么词项代替其中的M、P和S，得到的论证都是有效论证。

所有希腊人是人；

所有雅典人是希腊人；

所以，所有雅典人是人。

三段论的有效性是针对形式而言的，如果要证明论证A无效，是荒谬的，需要另找论证B，论证B应该是前提明显为真，而结论明显为假，且三段论形式相同。当找到这样的论证之后，就可以说：

你不能为论证B做辩护，因为毫无疑问它是假的；

你刚才的论证A与论证B形式完全相同，论证B是无效的，

所以论证A也是无效的。

例如：

所有上课爱睡懒觉的学生都是不爱学习的；

爱玩手机的学生是不爱学习的；

所以，爱玩手机的学生是上课爱睡懒觉的学生。

当你想要揭示该论证的荒谬时，可以列举明显前提为真，但结论为假的论证。

所有兔子都是跑得快的；

有的马是跑得快的；

所以，有的马是兔子。

注意，上面这种方法有很大的局限性，只能判断推理形式的无效，而推理是否有效，它是没有办法推断的。要想判断一个三段论的推理是否有效，需要进一步了解三段论的规则。

规则一：正确的三段论必须有且只能有三个项

三段论的两个前提中必须有相同的项来做中介媒质，一旦不符合这一规则，就犯了“四词项”或“四概念”的错误。

中国人是勤劳的；

懒汉李章是中国人；

所以，懒汉李章是勤劳的。

上面的三段论看似只有三个词项，分别是“中国人”“懒汉李章”和“勤劳的”。但由于大前提中的“中国人”代表的是集合意义，指代全体中国人，而小前提中的“中国人”只是针对个体，属于非集合意义，所以它们不属于同一个词项。这个三段论中出现了四个词项，所以推理是错误的。

规则二：中项必须在前提中至少周延一次

中项只有符合这个条件，才能起到连接大小项的媒介作用，确立大小项之间的关系。如果中项在前提中从不周延一次，大小项就不能确定联系，也就推不出必然的结论。违反这一规则，就犯了“中项不周延”的错误。

伟大的物理学家都是博学多识的；

伟大的文学家都是博学多识的；

所以，伟大的文学家都是伟大的物理学家。

这个三段论的两个前提仅仅分别断定了伟大的物理学家包含于“博学多识的”这一类中，伟大的文学家包含于“博学多识的”这一类中。因此，就有这样一种可能性：伟大的物理学家和伟大的文学家分别属于“博学多识的”这一类中的两个不同部分。然而，结论断定“伟大的文学家”包含于“伟大的物理学家”中，这个结论显然是错误的。

规则三：前提中不周延的项，在结论中也不得周延

因为结论从前提中推导出来，假如大小项在前提中不周延，那么结论中对大小项也不能做出周延性的判断，否则就超出了前提中所规定的范围，犯了“大项不当周延”或“小项不当周延”的错误。

学生都应遵守校园纪律；

李海不是学生；

所以，李海不应遵守校园纪律。

大项“校园纪律”在大前提中位于肯定命题的谓项，是不周延的，而在结论中位于否定命题的谓项，是周延的，因此这个三段论犯了“大项不当周延”的错误。

规则四：两个否定前提不能必然推出结论

张双不是北大学生。

这位同学不是张双。

从上述两个前提中，我们既不能推出“这位同学不是北大学生”，也不能推出“这位同学是北大学生”。

从这个规则可以推导出：当且仅当前提中有一个否定命题时，结论必然是否定命题。

张双不是北大学生；

这位同学是张双；

所以，这位同学不是北大的学生。

李明和张帅是两名小学生，他们去动物园游玩。他们来到水池边，看到了海豚，那只海豚正在做各种有趣的动作，逗得他们开怀大笑。这时，又有一只动物游了上来，但他们都不知道这是什么动物。

“大概是一条什么大鱼吧。”李明猜测说。

“不，这不是鱼。”张帅说。

“为什么呢？”

“老师不是说过嘛，凡是海豚都不是鱼，这只水生动物不是海豚，所以它不是鱼。”

“不，正因为海豚不是鱼，这只水生动物不是海豚，所以这只动物才是鱼啊！”李明反驳道。

就这样，他们谁也说服不了谁。

李明和张帅的话都违反了三段论中的一条重要规则：两个否定命题无法必然推出结论。

张帅的话包含如下推理：

凡是海豚都不是鱼；（否定命题）

这只水生动物不是海豚；（否定命题）

所以，这只水生动物不是鱼。

李明的话包含如下推理：

凡是海豚都不是鱼；（否定命题）

这只水生动物不是海豚；（否定命题）

所以，这只水生动物是鱼。

除了以上四条规则外，正确的三段论还需要遵循另外两条规则：“两个特称前提得不到必然结论”和“若前提有一个是特称的，结论必然是特称的。”

使用三段论时，我们一定要严格遵循这些规则，才能保证三段论有效。

三　选言推理：不管怎样，至少有一个是对的

选言推理是以选言命题为大前提，并根据选言命题各选言支间的逻辑关系推导出结论的演绎推理。

选言推理的前提和结论之间存在必然性的联系。选言推理有两个前提，一个

是选言命题，另一个是对选言支的否定或肯定。

一份统计报表的错误或是由于材料不可靠造成的，或是由于计算不准确造成的；

这份统计报表的错误不是由于计算不准确造成的；

所以，这份统计报表的错误是由于材料不可靠造成的。

选言命题分为相容选言命题和不相容选言命题，所以选言推理分为相容选言推理和不相容选言推理。

（一）相容选言推理

相容选言推理只有一种有效的推理形式，即否定肯定式。也就是说，在前提中否定一部分选言支，在结论中就应该肯定另一部分选言支。

或者许章去参加会议，或者刘韬去参加会议；

经单位协调，刘韬不去参加会议；

所以，许章去参加会议。

（二）不相容选言推理

不相容选言推理有两种有效的推理形式，即否定肯定式和肯定否定式。

否定肯定式指的是在前提中否定一部分选言支，在结论中就承认另一部分选言支。

要么刘飞是第一名，要么李涵是第一名；

刘飞不是第一名；

所以，李涵是第一名。

肯定否定式指的是在前提中承认一部分选言支，在结论中就否认另一部分选言支，其实就是所谓的“排除法”。

咱们要么去北京旅游，要么去桂林旅游；

去北京旅游；

所以，不去桂林旅游。

本章第一节提到的那个案例中，张志炫说的最后一句话“我没有说他们俩啊”包含着一个选言推理：

或者是说第一个走掉的朋友，或者是说第二个走掉的朋友，或者说的是你；

我没有说他们俩；

所以，我说的是你。

这样一来，最后一个朋友当然会被气走了。

再来看一则关于选言推理的案例。

有一名商人打算寻找一位合作伙伴，魏商和刘章首先报名。商人想要两人之间更聪明的那个人做合作伙伴，于是想出一个办法来测验他们。

商人把两个人带进一间屋子，屋子里只有电灯照明，没有镜子，也没有窗户。商人拿出一个盒子说道："这里面有五顶帽子，两顶红的，三顶黑的。现在我把电灯关了，咱们仨摸黑各取一顶帽子戴在头上，然后我关上盒子，打开电灯，你们尽快说出自己头上戴的帽子是什么颜色的。"

魏商和刘章各自取了帽子，商人打开电灯，他们两人看到商人头上戴了一顶红帽子，两人又相互看了一眼，过了一刹那，刘章喊道："我戴的帽子是黑色的。"

结果，刘章被选为商人的合作伙伴。

在这个案例中，刘章运用的就是选言推理。其推理过程如下：

我要么戴的是红帽子，要么戴的是黑帽子；

我戴的不是红帽子；

所以，我戴的是黑帽子。

刘章之所以能够知道自己戴的不是红帽子，是因为假如自己戴的是红帽子，魏商很快就会说出自己戴的是黑帽子，而魏商没有马上回答，说明自己戴的不是红帽子。

美国著名推理小说《希腊棺材之谜》是逻辑推理水平极高的佳作，小说一开篇就叙述了一个十分吸引人的故事。

一位美术品收藏家因为心力衰竭死于家中的书房，他曾在死前立下遗嘱，对其巨额财产的继承问题做出明确规定，并委托律师执行。

三天以后，收藏家的葬礼如期举行，遵照死者遗愿，葬礼一切从简，没有邀请外人参加，由牧师主持。送葬队伍回到住宅以后，律师发现死者保险箱内的遗嘱连同保存遗嘱的小铁盒都不见了。然而，送葬队伍在离家之前5分钟他还看到遗嘱。事关重大，律师立即报警。

很快，副检查员佩珀带领探员赶到现场，经过调查发现：律师看到铁盒内的遗嘱时，凡是房内的每一个人，现在都在场；凡是参加送葬的人，在墓地上除了同几个人相遇以外，并没有与其他人接触，而相遇的这些人也在调查现场；经过对在场人搜身，并对整个宅院彻底搜查，都一无所获。那么，遗嘱到底去哪里了？

正当所有人冥思苦想时，侦查长的儿子埃勒里·奎因做出了惊人的断言："遗嘱就在棺材里。"大家根据其提供的线索，果然在棺材里找到了遗嘱。

奎因是根据不相容选言推理的否定肯定式推出"遗嘱在棺材里"这个结论的。根据当时的情况来看，遗嘱的去向只有三种可能性：

（1）在现场的人们的身上；

（2）在宅院内；

（3）在从发现遗嘱失踪后未被搜查过的东西中，即棺材里。

根据否定肯定式原则，在前提中否定一部分选言支，在结论中就要肯定另一部分选言支。

遗嘱或者在现场的人们的身上，或者在宅院内，或者在棺材里；

没有在现场的人们的身上，也没有在宅院内；

所以，遗嘱在棺材里。

四 联言推理：既然都是对的，那么其中一部分也是对的

联言推理是一种相对来说比较简单的推理，在生活中运用得比较多。联言推理分为两种情况：或者结论为联言命题，而各个前提是该命题的联言支；或者前提是联言命题，而结论是这个联言命题的一个联言支。

以上两种形式分别为合成式和分解式。

（一）合成式

合成式的形式为：

p，

q，

所以，p且q。

该形式下，全部支命题为真，推出联言命题为真。

杀人是重罪；

抢劫是重罪；

所以，杀人和抢劫都是重罪。

（二）分解式

分解式的形式为：

p且q，

所以，p（或q）。

根据联言命题与它的联言支的真假关系可知，假如联言命题是真的，它的联言支就都是真的。因此，由联言命题的真可以推出各个联言支的真。

犯罪时不满18周岁的人和审判时怀孕的妇女，不适用死刑，

所以，犯罪时不满18周岁的人，不适用死刑。

或者：所以，审判时怀孕的妇女，不适用死刑。

下面我们来做一道趣味思考题，只要你解答出这道题，那么恭喜你，你已经掌握了如何运用联言推理。

桌子上有三张扑克牌排成一行，现在已经知道的信息如下：

（1）K右边的两张牌中至少有一张是A；

（2）A左边的两张牌中也有一张是A；

（3）方块左边的两张牌中至少有一张是红桃；

（4）红桃右边的两张牌中也有一张是红桃。

请问：这三张是什么牌？

首先，确定左边的第一张牌。从前提（1）得知，这张牌是K，从前提（4）得知，这张牌是红桃，通过联言推理就可以推出：最左边的一张牌是红桃K。

其次，确定右边的第一张牌。从前提（2）得知，这张牌是A；从前提（3）得知，这张牌是方块。通过联言推理我们推出：这张牌是方块A。

最后，确定中间的一张牌。从前提（2）得知，或者这张牌是A，或者最左边的那张牌是A，通过前提（1）得知，左边第一张是K，所以中间这张牌是A；从前提（4）得知，或者这张牌是红桃，或者最右边的一张牌是红桃，通过前提（3）得知，最右边的一张牌是方块，所以中间的这张牌是红桃。因此，可以推出中间的这张牌是红桃A。

从案例中可以发现，很多时候，某种推理形式中还夹杂着其他种类的推理形式。该案例在确定最后一张牌时，就运用了选言推理的否定肯定式，例如，“或者这张牌是红桃，或者最右边的一张牌是红桃，通过前提（3）得知，最右边的一张牌是方块（不是红桃），所以中间的这张牌是红桃。”

本案例运用的联言推理形式属于合成式，知道了一张牌是“K”和“红桃”，推出“红桃K”的结论。

对一个不能颠倒顺序的联言命题，在使用联言推理分解式时，不能放弃后联言支，否则就会犯“舍弃重点”的逻辑错误。

我们不但要认识世界，而且要改造世界；

所以，我们要改造世界。

如果改成下面的推理形式，则是错误的。

我们不但要认识世界，而且要改造世界；

所以，我们要认识世界。

五 假言推理：奇妙的因果联系

假言推理指的是大前提是假言命题，而小前提和结论都是直言命题的推理。一般来说，小前提是假言命题的前件（或其负命题）或者后件（或其负命题）。

假言推理反映了事物之间的条件关系。

如果一个人骄傲自满，那么他就要落后；

张菲骄傲自满；

所以，张菲必定要落后。

这个例子就是一个典型的假言推理，其大前提是一个假言命题，小前提和结论都是直言命题。

根据假言命题的前件和后件的不同关系，假言推理可以分为三种推理形式。

（一）充分条件假言推理

顾名思义，在该推理形式下，前提是一个充分条件假言命题。充分条件假言推理有两种形式：肯定前件式和否定后件式。

1. 肯定前件式

肯定前件式指的是小前提肯定大前提的前件，结论肯定大前提的后件。

如果这瓶溶液是酸性的，那么它就能使试纸变红；

这瓶溶液是酸性的；

所以，它使试纸变红了。

2. 否定后件式

否定后件式指的是小前提否定大前提的后件，结论否定大前提的前件。

如果谁感冒了，谁就一定会不舒服；

王晓春没有不舒服；

所以，王晓春没有感冒。

一位美女正在大街上走着，迎面走来一位男子，男子被她的美貌吸引了。两人擦肩而过后，男子停下脚步，转过身跟在美女身后。美女感觉身后有人跟随，转过身问道："你为什么跟着我？你想干什么？"

男子见美女问他话，觉得机会来了，大献殷勤地说："我第一眼看到你的时候便爱上了你，希望你能给我一次爱你的机会。"

美女笑着说道："大街上有很多美女，为什么你唯独爱上了我？"

男子回答："你是我见过的女性中长得最漂亮的一位。"

美女说："谢谢你夸奖我。不过，你可能没有见过真正漂亮的美女，就在你身后，我的姐姐朝这边走过来了，她比我漂亮多了，你还是爱她吧！"

美女说完以后，继续向前走。

男子听到美女的话，马上转过脸，果然看到一位女人走过来，但不是美女，而是一个满脸皱纹的老太太。男子感觉自己受到了欺骗，向前猛追几步，拦住美女问道："你为什么骗我？"

美女反驳道："是你先骗了我。如果你真的爱我的话，就不应该去找别的女人，那你为什么回头去看我那所谓的'姐姐'呢？"

在这个故事中，美女运用充分条件假言推理的否定后件式论证男子先骗了她，说服力很强。该推理的完整形式为：

如果你真的爱我，你就不会去找别的女人；

你现在去找别的女人；

所以，你并不是真的爱我。

运用充分条件假言推理时，人们容易犯两种错误：肯定后件和否定前件。大家要注意，前件是后件的充分条件，有了前件可以产生后件；后件是前件的必要条件，没有后件，前件也就不存在。不过，没有前件不一定没有后件，后件可能是其他原因产生的；有了后件也不一定有前件，前件也可能是其他条件下产生的。

如果他缺乏工作激情，那么他的工作就不会做好；

他的工作没有做好；

所以，他缺乏工作激情。

这个例子就是犯了肯定后件的错误。工作没有做好，也可能是因为工作方法不当，不必然是缺乏工作激情。

如果他缺乏工作激情，那么他的工作就不会做好；

他的工作激情很高；

所以，他的工作做得很好。

这个例子就是犯了否定前件错误。没有工作激情，工作不可能做好；但有了工作激情，如果缺乏合理的工作方法，也可能做不好工作。

（二）必要条件假言推理

必要条件假言推理，其假言前提是一个必要条件假言命题。它也有两种有效的推理形式。

1. 否定前件式

否定前件式指的是小前提否定大前提的前件，结论否定大前提的后件。

只有年满18周岁，才有选举权；

王丽不到18周岁；

所以，王丽没有选举权。

2. 肯定后件式

肯定后件式指的是小前提肯定大前提的后件，结论肯定大前提的前件。

只有选用优质奶源，奶产品才能健康；

奶产品健康；

所以，奶产品选用了优质奶源。

（三）充分必要条件假言推理

<table>
<tr><td rowspan="4">一个数是偶数当且仅当它能被 2 整除</td><td>肯定前件式</td><td>这个数是偶数</td><td rowspan="4">所以</td><td>这个数能被 2 整除</td></tr>
<tr><td>肯定后件式</td><td>这个数能被 2 整除</td><td>这个数是偶数</td></tr>
<tr><td>否定前件式</td><td>这个数不是偶数</td><td>这个数不能被 2 整除</td></tr>
<tr><td>否定后件式</td><td>这个数不能被 2 整除</td><td>这个数不是偶数</td></tr>
</table>

充分必要条件假言推理，其大前提是一个充分必要条件的假言命题。由于充分必要条件假言推理能够适用充分条件假言推理和必要条件假言推理的有效形式，所以它有肯定前件式、肯定后件式、否定前件式和否定后件式四种推理形式。

民间流传着“巧姑”的故事。

巧姑非常聪明能干，她的公公张老汉让她操持家里，她也把家里操持得井井有条。张老汉非常高兴，在门口贴了一副字：“万事不求人”。

有一次，知府老爷想要为难张老汉，就对张老汉说："你不是说'万事不求人'吗，那我限你三天之内找出三件东西来，一是一头大公牛生的牛犊子，二是灌得满大海的清油，三是一块遮天的黑布。你要是找不到的话，就治你个欺官之罪！"

张老汉为此愁眉苦脸，巧姑问清缘由后，说："放心吧，这差事就让我办吧！"

过了三天，知府老爷来了。巧姑迎上前去，说："禀老爷，我公公不在家。"

知府老爷大怒："什么，他敢跑？"

巧姑说："他没有跑，是生孩子去了。"

知府说："只听说过女人生孩子，哪有男人生孩子的？"

巧姑说："你既然知道男人不能生孩子，为什么又要大公牛生牛犊呢？"

知府一时无言以对，只好说："那这件事就不要他办了，灌海的清油呢？"

"请麻烦大人先把海水抽干，马上就灌！"

"海那么大，怎么能抽干？"

"不抽干，海水茫茫一片，油从哪里倒进去呢？"

知府又被呛得满脸通红，说道："那这个也不用他办了，遮天的黑布呢？"

巧姑说："请问知府老爷，天有多宽？"

知府说："谁也没量过，怎么知道有多宽？"

"既然不知道天有多宽，我们怎么去扯布呢？"

知府被巧姑噎得哑口无言，匆匆忙忙地离开了。

在这个故事中，巧姑运用了假言推理，其中一个是充分条件假言推理，两个是必要条件假言推理。巧姑的推理过程如下：

（1）如果大公牛能生牛犊，那么男人就能生孩子；

男人不能生孩子；

所以，大公牛不能生牛犊。（否定后件式）

（2）只有抽干海水，才能往海里灌清油；

海水不能被抽干；

所以，无法往海里灌清油。（否定前件式）

（3）只有知道天有多宽，才能去扯遮天的黑布；

不知道天有多宽；

所以，无法扯遮天的黑布。（否定前件式）

六 二难推理：不管如何想，还是左右为难

二难推理是假言推理和选言推理的结合，由两个假言命题和一个选言命题做前提，根据假言命题和选言命题之间的逻辑性质进行推理，得出的结论或者是直言命题，或者是选言命题。由于这种推理有时会让对方陷入左右为难的困境，所以被称为二难推理。

二难推理通过运用选言命题肯定或否定假言命题，从而肯定或否定假言命题的后件或前件存在或不存在。

二难推理有两种有效的推理形式，分别为构成式和破坏式。

（一）构成式

二难推理中的选言命题，其两个选言支都肯定两个假言命题前提的前件，这种二难推理形式就是构成式。

如果我玩游戏，那么我就要受到爸爸的训斥；

如果我看电视，那么我就要受到爸爸的训斥；

我或者玩游戏，或者看电视；

所以，我都要受到爸爸的训斥。

在该构成式中，两个假言命题的后件相同，结论是一个直言命题且是对后件的肯定，这便是简单构成式。简单构成式看似没有“二难”处境，因为不管怎样做都会得到一个结果，所以说话过程中使用到简单构成式可以增强说服力。

除了简单构成式，构成式还有一种较为复杂的形式，即复杂构成式。复杂构成式的两个假言命题后件不同，结论肯定它们的不同后件，所以结论是一个选言命题。

如果我玩游戏，我就会受到爸爸的训斥；

如果我做习题，我就会受到爸爸的表扬；

我或者玩游戏，或者做习题；

所以，我或者受到爸爸的训斥，或者受到爸爸的表扬。

该复杂构成式的两个假言命题的后件不同，分别为“训斥”和“表扬”，结论的两个支命题分别是对两个后件的肯定。

（二）破坏式

在构成式中，两个选言支分别肯定假言命题的前件，而破坏式则变成选言支分别否定假言命题的后件。同样，破坏式也有简单破坏式和复杂破坏式两种形式。

如果选言支否定假言命题的不同后件，而结论否定相同的前件，就是简单破坏式。

如果想要一个好的学习成绩，就必须有正确的学习态度；

如果想要一个好的学习成绩，就必须有科学的学习方法；

你们或者没有正确的学习态度，或者没有科学的学习方法；

所以，你们的学习成绩不好。

如果否定两个假言命题的不同后件，结论否定它们不同的前件，就是复杂破坏式。

如果家长对孩子放纵，孩子会更加淘气；

如果家长对孩子严格，孩子会哭闹不止；

为了防止孩子更加淘气，或者不让孩子哭闹不止；

所以，家长或者不要对孩子放纵，或者不要对孩子严格。

二难推理经常在辩论中使用，目的就是说出两种可能性，使对方无论肯定或否定哪一种可能性，结果都是进退两难的窘境。不过，二难推理的使用必须遵守“前提真实、形式正确”的原则。

前提真实，指的是假言命题的前件必须是后件的充分条件，且选言命题的选言支必须是穷尽的；形式正确，指的是要符合充分条件假言推理的规则。

但是，辩论时，对方往往会故意曲解原义，使二难推理出现前提虚假的错误。这时，己方要细心谨慎，仔细寻找对方提出的假言命题中前提的虚假性。

如果吃得过多，对身体不好；

如果吃得过少，对身体也不好；

或者吃得过多，或者吃得过少；

总之，对身体都不好。

这个例子虽然符合简单构成式的结构形式，但选言前提是虚假的。吃饭不仅有过多或过少两种情况，还可以存在“吃得正好合适”这一情况。因此，这个二难推理是错误的。

除了驳斥前提虚假的方法外，面对两难困境时，己方还可以构造一个结构相同的二难推理，推出与对方相反的结论，从而驳倒对方。

两个人针对结婚的话题展开了讨论，其中一个人阐述结婚的麻烦。

“如果你结婚，那么便有家室之累；如果你不结婚，那么会感到孤独苦闷。你只有结婚或者不结婚两种可能，所以你不是有家室之累，就是会感到孤独苦闷。你到底要不要结婚呢？”

另一个人回应道：“如果我结婚，那么便有伴侣之乐；如果我不结婚，那么便免受家室之累。我只有结婚和不结婚两种可能，所以我不是有伴侣之乐，就是会免受家室之累。”

这就是一种绝妙的针锋相对的二难推理。

另外，己方还可以指出在选择两难选项时某个无法满足的先决条件，从而瓦解小前提的限制。

伊索的主人喝醉酒以后口出狂言，扬言要喝干大海，并用他的全部财产作为赌注。第二天，他酒醒之后发现自己失言，但全城的人早已知道了这件事。这时，伊索的主人陷入了两难困境。

如果实现诺言，就要喝干大海；

如果不实现诺言，就要失信于人；

或者实现诺言，或者不实现诺言；

所以，或者喝干大海，或者失信于人。

对于主人面临的这一困境，伊索提出了一个计策，主人听了以后便采纳了。伊索的主人来到海边，对早已聚集于此地的人们说："不错，我要喝干大海，但现在千百万条江河源源不断地流入大海，谁能把河水与海水的界限分开，我保证喝干大海。"

"把河水与海水分开"是进行两难选择的先决条件，由于该条件无法满足，所以伊索的主人便破解了这个两难困境。

当然，除了二难推理以外，还有三难推理。如果前提不只是两种可能的情况，而是三种可能的情况，那么就是三难推理。

用公式表达为：

如果p，则s；

如果q，则s；

如果r，则s；

或p或q或r；

所以，s。

清真寺邀请阿凡提去讲道，阿凡提走上讲台，对大家说："你们知道今天我要讲什么吗？"

"不，我们不知道。"大家纷纷说道。

"你们这都不知道，如此无知，我还能讲什么呢？"阿凡提说完，就径直下了讲台走了。

过了一段日子，清真寺又邀请阿凡提去讲道。阿凡提站在讲台上，又问："你们知道我要和你们讲什么吗？"

这次大家学聪明了，就异口同声地说："知道！"

"既然你们都知道我要讲什么了，那我还讲什么呢？"阿凡提说完，又走了。

清真寺第三次邀请阿凡提去讲道，阿凡提依旧站在讲台上问："我要和你们讲什么，你们知道吗？"

这次台下的人似乎变得更聪明了，有人说“不知道”，有人说“知道”，他们以为这样就可以难住聪明的阿凡提，但实际上他们又一次落入了圈套。阿凡提笑了笑，说：“既然你们有人知道，那么就让知道的人讲给你们不知道的人好了！”说完，阿凡提扬长而去。

人们眼巴巴地望着他远去的身影，不知所措。

在这个故事中，阿凡提运用了三难推理。其推理过程如下：

如果大家不知道，那么我不讲。

如果大家都知道，那么我不讲。

如果有人知道，有人不知道，那么我还是不讲。

总之，我坚决不讲就是了。

这个推理与二难推理中的简单结构式十分类似。

七　关系推理：由此及彼，抓住事物之间的联系

关系推理是指用关系命题作为前提或结论的推理。在某些关系推理中，前提与结论全是关系命题；在某些关系推理中，有些命题是关系命题，而另一些命题是性质命题。前者称为纯粹关系推理，后者称为混合关系推理。

例如，“晓明比晓婷的年龄大，晓婷比晓辉的年龄大，所以晓明比晓辉的年龄大。”这便是纯粹关系推理。

纯粹关系推理很好理解，下面重点讲解混合关系推理。混合关系推理有两个前提和一个结论，是三段论的形式。其中，一个前提是两项的关系命题，另一个前提是性质命题，结论也是一个两项的关系命题。这种形式也称混合关系三段论。

混合关系三段论要想成立，需要符合以下要求。

（1）混合关系三段论的前提中的性质命题必须是肯定命题。

所有甲班学生和所有乙班学生同龄；

刘浩是甲班学生；（此性质命题是肯定命题）

所以，刘浩和所有乙班学生同龄。

这个三段论是正确的。

所有甲班学生和所有乙班学生同龄；

刘浩不是甲班学生；（此性质命题是否定命题）

所以，刘浩和所有乙班学生不同龄。

这个三段论是错误的。

（2）混合关系三段论的中项至少周延一次。

（3）前提中不周延的概念在结论中也不得周延。

（4）前提中的关系命题如果是肯定的，结论中的关系命题也必须是肯定的，反之亦然。

（5）如果不是对称关系，前提中作为关系前项或后项的概念在结论中也应该相应地为关系前项或后项。

刘成、梅天、赵磊、王辉和张展五位同学住在同一个宿舍里。他们相互之间约定，晚上最迟回到宿舍的同学应该自觉锁上宿舍门。

考试前的一个晚上，他们中最晚回到宿舍的人忘了锁门。第二天早上，张展最早起床，发现宿舍门没有锁上，检查了一下，还好没有丢失东西。由于张展每晚都在宿舍自习，而且是第一个上床睡觉，而其他四人习惯在自习室或者图书馆自习，因此张展询问其他四人相关情况。

刘成说："我回来的时候，赵磊还没有睡。"

梅天说："我回来的时候，看到王辉睡着了，于是我也就睡觉了。"

赵磊说："我进门的时候，梅天正在铺床，准备睡觉。"

王辉说："我一上床就睡觉了，谁最后回来的我也不清楚。"

张展经过分析，认为这四句话都是真实的，于是他迅速做出判断，认为刘成是最后一位回到宿舍的。为了惩罚他，大家一致要求刘成请大家吃饭。

张展是根据关系推理得出结论的，他运用的是纯粹关系推理，即前提和结论全部都是关系命题。

根据三位同学的回答，他得出以下断定：

刘成比赵磊晚回到宿舍；

梅天比王辉晚回到宿舍；

赵磊比梅天晚回到宿舍。

由于刘成比赵磊晚到宿舍，赵磊比梅天晚到宿舍，梅天比王辉晚到宿舍，所以，毫无疑问刘成最晚回到宿舍。

八 归纳推理：理性总结，从个别到一般

直接推理、选言推理、联言推理、假言推理和二难推理统称为演绎推理。演绎推理当且仅当前提真实时，结论不会为假。有效的演绎推理总是能够从真前提推导出真结论。

归纳推理与此不同，在归纳推理中，前提和结论的关系没有那么简单。归纳推理的前提为真，结论有可能是假的，因为归纳推理的前提是结论的必要条件而非充分条件，这是归纳推理和演绎推理最主要的区别。

归纳推理是根据一类事物的部分对象具有某种性质，推出该事物的所有对象都具有这种性质的推理。归纳推理符合从个别到一般的过程，属于合情推理。

金受热会膨胀；

银受热会膨胀；

铜受热会膨胀；

铁受热会膨胀；

所以，所有金属受热都会膨胀。

这个例子就是简单枚举法。由于“金属”这类事物的部分对象具有“受热膨胀”的属性，而且在枚举过程中没有出现反例，从而推出“金属”都具有“受热膨胀”的属性。

要注意的是，简单枚举法只是表面上没有反例，其实还是有可能出现反例的，推理根据非常不充分，结论具有或然性。

例如，以前人们总是认为“所有哺乳动物都是胎生的”“天下乌鸦一般黑”“所有天鹅都是白色的”，但事实证明，这些结论都是错误的。

古代有一个笑话充分反映了归纳推理中存在的错误。

有一个地主，家里非常有钱，但是他不识字。有一次，他聘请了一个读书人教自己的儿子认字。

读书人拿起毛笔在纸上写字，写了一画，对地主的儿子说：“这是‘一’字。”写了两画，说：“这是‘二’字。”写了三画，说：“这是‘三’字。”这个地主的儿子立刻高兴起来，丢下笔跑回家，对地主说：“我学好了，以后不用再麻烦这位先生了，再请他教我就是浪费钱了，辞了他吧！”

地主听了很高兴，就把先生辞退了。

过了一阵子，这个地主打算请一个姓万的好友过来喝酒，就让儿子写一个请帖。过了很久，这个请帖还是没有写好，地主催了又催，儿子生气地说：“天下姓那么多，干吗要姓万？从早上到现在，我才写了五百画！”

地主的儿子从“一”字一画、“二”字两画、“三”字三画的个别现象中归纳出“凡表示多少数的字就一定有多少画”的结论，犯了归纳推理中“轻率概括”的错误。

科学工作者在研究过程中也会用到归纳推理，但与简单枚举归纳推理不同，他们采用的是科学归纳推理。

“清晨有露水，这一天便是晴天。”这是气象工作者经过长期观察总结得出的结论，气象工作者总结了露水的形成与天气之间的关系。

在晴朗少云的夜晚，地面的热量会散发得很快，田野上的气温迅速下降，空气中包含水汽的能力就减小了，附着在大气低层的水汽纷纷附在草上和树叶上，凝结成细小的水珠，这就是露水。

露水的形成需要一定的先决条件，那就是大气稳定、风小以及天空晴朗少云。如果夜晚的天空中到处都是云朵，云层所具有的保暖作用使靠近地面的气温不易下降，露水就很难形成。

夜晚如果有风，在风的吹动下，空气上下流动，地面空气的温度就会增加，水汽很容易扩散，露水也难以形成。因此，气象工作者做出归纳概括：清晨有露水时，这一天便是晴天。

以上归纳概括运用的是科学归纳推理。科学归纳推理是根据某类部分对象与某种属性之间的因果关系，推出某类对象都具有某种属性的结论的归纳推理。

气象工作者归纳概括出以上结论不是简单地由观察到的个别性的知识概括出一般性的结论，而是研究了露水形成与晴天之间的内在联系，在厘清两者之间的因果关系的基础上得出的结论。

与以经验为主要根据的简单枚举归纳推理相比，科学归纳推理得出的结论要可靠得多。两者之间既有共同之处，也有显著差异。共同之处是两者都属于不完全归纳推理——前提只考察了某类部分对象，结论断定了某类的全部对象，超出前提所断定的范围。

两者的区别体现在以下三点。

（1）得出结论的依据不同。

简单枚举归纳推理的依据是某一现象或某种属性在某类部分对象中不断重复，且无反例出现；科学归纳推理的依据是现象之间的因果联系。

（2）部分对象的数量方面不同。

对简单枚举归纳推理来说，被考察对象的数量越多，结论的可靠程度就越高；而对科学归纳推理来说，被考察对象的数量作用不大，因为它是以认识现象之间的因果联系作为依据的。

（3）结论可靠程度不同。

尽管两者的前提和结论之间的逻辑联系不是必然的，但科学归纳推理得出的结论要比简单枚举归纳推理得出的结论可靠得多。

九 因果关系推理：求同存异，找出隐秘的联系

因果联系是世界万物之间普遍联系的一个方面，一个或某些现象的产生会引

起另一个或另一些现象的产生。前者是后者的原因，后者是前者的结果。人们要把握事物之间的因果关系，以便于掌握事物发生、发展的规律。

人们在总结因果关系的过程中会犯一些错误。由于原因和结果通常在时空上非常接近，并且总是共同变化的，所以很多人会倒因为果或者倒果为因。

微生物入侵造成有机物腐败，有人认为有机物腐败才造成微生物入侵，这是倒因为果。

在19世纪的英国，勤劳的农民至少有两头牛，而好吃懒做的人没有牛。一位改革家建议给每个懒人两头牛，以便于他们勤劳起来，这是倒果为因。

还有人总是混淆因果关系和先后关系，认为先发生的一定是原因，后发生的一定是结果。

为了避免出现这种错误，我们可以学习穆勒五法（穆勒五法是英国逻辑学家穆勒在其著作《逻辑体系》中提出的五种判明因果关系的逻辑方法），以便我们正确地寻找因果关系，认清事物的发生和发展规律。

1. 求同法

如果在所研究的现象出现的两个或两个以上的场合中，只有一个情况是共同的，那么这个共同的情况与所研究的现象之间有因果联系。

例如，某个学校的学生们腹泻，需要了解导致腹泻的原因。首先要做的便是询问所有腹泻的学生吃的是什么食物，食物可能不是所有人得病的原因。当然，共同的东西可能是食物，或许是被污染的器具、临近的污水或者其他情况。

求同法有着严重的局限性，因为共同情况中可能也会存在本质的不同，表面上不同的情况也可能会存在本质上的相同。

一个人晚上看了两个小时的书，喝了几杯浓茶，结果一晚上没有睡好觉；

第二天晚上，这个人又看了两个小时书，抽了好几支烟，结果又没睡好；

第三天晚上，这个人又看了两个小时书，喝了很多咖啡，结果又没睡好觉。

按照求同法，连着三天晚上睡不好觉的原因似乎是“看了两个小时的书”，这显然是错误的结论。事实上，浓茶、烟、咖啡才是睡不好觉的原因。

2. 求异法

如果所研究对象出现的场合与它不出现的场合之间只有一点不同，也就是说，在一个场合中有某个情况出现，而在另一个场合中这个情况不出现，那么这个情况就与所研究对象之间有因果联系。

有些生物学家曾做过一个关于营养的研究实验，他们分别用去糠的精白米和粗白米喂两组不同的鸡。实验结果显示，吃精白米的那一组鸡不久就得了和人类脚气病相似的病，而吃粗白米的那一组鸡都没有得这种病。他们又用粗白米喂生病的鸡，不久那些鸡痊愈了。于是，他们得出结论：这种病与长期吃去糠的精白米有关。

当然，差异法也存在局限性。它要求前后两种场合下，只有一点不同，一旦出现多于一种不同的情况，人们又忽略了其中一个情况，错误还是会产生。

某学生每次上课都头疼，不上课就没事了。他以为自己患上了神经衰弱症，头疼的原因是上课听讲。

医生检查后发现，他上课头疼是因为他上课时戴的近视眼镜是一副不合格的眼镜。

这个学生的错误在于他只注意到上课与不上课的差异，没有意识到戴眼镜和不戴眼镜的差异。

3. 求同求异共用法

这种方法是求同法和求异法的结合。规则为：如果在出现所研究对象的几个场合中都存在一个共同情况，而在所研究对象不出现的几个场合中都没有这个情况出现，那么这个情况就与所研究对象之间有因果联系。

人们发现种植豆类植物（如豌豆、蚕豆或大豆）时，不仅不需要给土壤施氮肥，而且豆类植物还能使土壤增加氮，而种植其他植物则没有这种现象出现。经过研究，人们发现豆类植物的根部有称作根瘤的突起物，其他植物则没有。因此，人们得出结论：豆类植物的根瘤能够使土壤增加氮。

4. 共变法

每当某一现象发生一定程度的变化时，另一现象也随之发生一定程度的变化，那么这两种现象之间就有因果联系。

例如，物理学中的热胀冷缩原理就是运用共变法得来的。当物体的温度升高时，物体的体积会膨胀；当物体的温度下降时，物体的体积会缩小。由此可以得出结论，物体受热或受冷与物体体积变化有因果联系。

共变法在日常生活与科学研究中都有着十分广泛的用途，运用共变法时需要注意以下三点。

（1）被考察的现象发生共变的情况是否唯一。

如果与被考察现象发生共变的不是唯一变化着的情况，而是还有其他变化着的情况，那么运用共变法求出的因果关系就不一定正确。例如，我们逐渐加热某物体时，对其不断增加压力，这时物体体积会逐渐缩小。如果我们只看到物体逐渐受热这个变化着的情况，据此认为物体受热是其体积缩小的原因，这种因果关系就错了，因为我们忽略了对物体不断增加压力这一变化着的情况。

（2）虽然存在共变情况，但是不一定存在因果关系。

某些现象之间虽然存在共变情况，但是不一定存在因果关系，很有可能结果是由另一个原因引起的。例如，经典歌词“越长大越孤单，越长大越不安”就涉及共变法，但“长大”与“孤单”“不安”之间并不是因果关系，人们在成年之后变得孤单和不安有就业、学业、人际交往等各方面的原因。

（3）共变关系在超出限度以后便不复存在。

两种现象之间的共变关系一般有一定的限度，如果超出这个限度，共变关系也就不存在了。例如，在一般情况下，其他条件不变，施肥越多，庄稼长得越好，但施肥如果过多，超出了限度，这种共变关系就会遭到破坏，庄稼反而长得不好。

相声《五支笔》中就有一段涉及共变关系的对话。

乙：那我要是戴一支钢笔呢？

甲：那不用说，高小程度。

乙：噢，那我戴的是两支笔。

甲：初中啊。

乙：我戴三支？

甲：高中。

乙：我戴四支？

甲：那你就上大学了。

乙：我要是戴五支笔呢？

甲：你要戴五支啊？

乙：我就是大学教授。

甲：不，修理钢笔的。

甲乙两人将某人上衣口袋戴钢笔的数量多少与文化程度相对应，在戴钢笔数量少于5支时，戴钢笔数量与文化程度还存在共变关系；而当钢笔数量达到5支时，其共变关系就不存在了，文化程度不再随着钢笔数量的增加而提高，反而意味着某一职业。

实际上，这一相声小段中的因果关系自始至终都是不存在的，一个人的文化程度是其内在，无法从戴钢笔的数量来体现。

5. 剩余法

如果已知某一复杂现象是另一复杂现象的原因，同时又知前一现象中的某一部分是后一现象中的某一部分的原因，那么前一现象的其余部分与后一现象的其余部分有因果联系。

1846年，人类发现了海王星，这便是运用剩余法的一个典型案例。科学家根据万有引力定律推算出当时已知的各个天体对天王星的影响，从而算出天王星的运行轨道。不过，据观察发现，天王星的实际运行轨道与算出来的轨道并不一致，在某些地方偏离了算出的轨道。科学家们由此推断，产生偏离现象的原因是由于某一个尚未发现的天体所产生的引力所引起的。于是，科学家算出了尚未被发现的天体的位置，这便是海王星。

当然，这五种因果联系的应用并非总是单一的，更多情况下是综合应用的。另外，需要注意的是，要科学合理地运用这些方法，不能完全地生搬硬套。

十 类比推理：比较之中出真知

类比推理是根据两个或两类对象在某些属性上相同或相似，推出两者在另外的属性上也相同或相似的推理方法。这种推理方法是特殊到特殊的推理。

类比推理促使人们举一反三，触类旁通，获得创造性的启发或灵感，从而找出问题的解决之道。

某食品厂的技术人员曾经试用一种真空充氮的方法来削减蛋粉中的沙门氏菌。真空充氮，指的是把容器内的空气抽出来，把氮气充进去。他想到某些国家在制作奶粉罐头时经常使用真空充氮的方法来防止脂肪腐败，而且蛋粉与奶粉有很多相似之处，例如，都是粉末状的食品，都不能采用高温杀菌等，由此想到，蛋粉罐头也可以采用真空充氮的方法。

类比推理在人们认识客观世界和改造客观世界中发挥着重要作用，同时类比思维也可以应用到辩论中。

某写作爱好者写了一部长篇小说，把它寄给了一位著名的编辑。几个星期以后，他的稿件被退回。这名写作爱好者非常生气，于是给编辑写信：“先生，没想到我的小说被你退了回来。你怎么会知道我写的这部小说不好？你根本没有看吧？我在寄送手稿之前，把18、19和20页粘在一起，就是为了检验你是否看了这部小说。昨天，我的手稿被退回来，我发现这几页仍然粘在一起，你就是这样来看别人给你寄去的稿件的吗？”

编辑回信道：“先生你好，我吃早餐的时候，剥开一个鸡蛋，没有必要非把它吃完才发觉是坏的。”

这位编辑就是采用了类比论证的方式，将吃鸡蛋与看书稿相类比，从而证明“你的书稿写得不好”这一结论。

类比推理对科学发展也起着重要作用，许多科学理论或者技术的发明与创造源于类比推理。例如，英国医生詹纳发现种牛痘可以预防天花，他是从挤奶女工感染牛痘而不患天花中受到的启发。

类比推理和归纳推理有一点是相似的，即结论并非必然，只是一种推测，不一定可靠。要想提高类比推理的可靠性，需要注意以下问题。

（1）前提中提供的两个类比对象，相同属性或相似属性越多越好，这样结论的可靠性就越大，否则可能会犯“片面类比”的错误。

（2）前提中提供的两个类比对象，相同属性或相似属性与类推属性之间的本质联系越大，结论越可靠，否则容易犯“机械类比”的错误。

西施是春秋末年越国的大美女。有一天，西施心痛，用手捂住胸口，愁眉蹙额，在村子里走过。村民觉得这时的她比平时更美丽。

同村的丑女东施听到村民称赞西施，认为这是西施愁眉蹙额的缘故。于是，东施学着西施的样子，故意用双手捂住胸口，紧皱眉头，慢悠悠地从村口走过。村民们认为东施比平时更丑。

东施仿照西施就是运用类比推理，其类比推理如下：

西施按住胸口，愁眉蹙额，增添了美丽；

我东施也按住胸口，愁眉蹙额；

所以，我东施也会增添美丽。

东施的类比推理是错误的，她犯了“机械类比”的错误。因为类比推理要求类比对象之间应该具有本质上的联系。东施忽视了自身条件，生搬硬套，结果闹出了笑话。

我们要注意比较与类比的区别。类比是找出两种事物之间的相似点，而比较是根据一定的标准，把有某些联系的两种或两以上的事物加以对照，确定它们之间的异同及其相互关系，更强调两种事物之间的不同点。

比较应该遵循一定的逻辑原则：在同一关系下进行比较，就事物的内在关系进行比较，而且要有确定的比较标准。

人们进行比较时，可能会犯如下错误。

（1）表面是在比较，但不提供比较的对象，实则没有比较。例如，该厂电冰箱价格便宜300元。

电冰箱价格便宜300元，是与什么相比便宜300元呢？是与该冰箱去年的价格相比，还是与同类型冰箱中质量最好而价格最贵的相比？没有提供这样的信息，比较就毫无意义。

（2）不设定比较的根据或基础，在不同的基础上进行比较，或者把不可做比的对象强行做比较。

美国海军为了招募兵员，曾设计多款海报，有一款海报是这样写的：美国海军的死亡率比纽约市民的死亡率还要低。

海军官员针对这则海报给出如此解释：根据统计，现在纽约市民的死亡率是1.6%，而即使在战时，美国海军士兵的死亡率也只有0.09%。

这则海报错误地将市民的死亡率和海军的死亡率进行比较，因为比较基础根本不一致。海军士兵都是年轻壮丁，除非是战死或感染重大疾病，否则不会死亡，而纽约市民中包括垂暮老人和抵抗力差的婴儿或小孩，这些人的死亡率本身就很高。

实际上，这是数字谎言，目的是消除人们对战争的恐惧，增加兵源。

LOGIC

第五章

逻辑规律：讲逻辑，也要遵守逻辑的原则

一个人要讲逻辑，必须遵守逻辑规律。逻辑规律是思维的基本规律，包括同一律、矛盾律、排中律和充足理由律，逻辑规律具有重要的规范作用。人们进行思维活动时，必须遵守这些思维规律，一旦脱离这些规律，人们很容易思维混乱。

一 同一律：丁是丁，卯是卯

柏拉图说："思维必须与其自身一致，而我们所有的确信都必须保持一致。"

《墨经》说："正名者，彼彼此此可。彼彼止于彼，此此止于此。"

上面中外古代名人所说的话无外乎一个意思：在同一思维过程中，一切思想都必须与自身保持同一。

这就是同一律的基本要求，同一律的作用就是保证思维的确定性。

同一律要求在同一思维过程中，概念要保持自身的同一，否则会犯"偷换概念"或"混淆概念"的错误；论题也要保持自身的同一，否则会犯"转移论题"或"偷换论题"的错误。

警察："你为什么骑车带人，懂不懂交通规则？"

骑车人："我以前从没有骑车带人，这是第一次。"

在这个例子中，骑车人并没有回答警察的问题，而是转移论题，寻找借口希望得到警察的谅解。

李伟胜买了一块新手表，与家中的挂钟对比以后，他发现手表比挂钟慢了3分钟。后来，他把家中的挂钟与电视台的标准时间对比了一下，发现挂钟比标准时间快了3分钟。李伟胜心里想："挂钟比手表时间快3分钟，又比标准时间快3分钟，这说明我的手表时间就是标准时间啊！"

在这个案例中，李伟胜就犯了同一律"混淆概念"的逻辑错误。因为案例中的两个"3分钟"不是一个概念。前一个"3分钟"是与不准确的挂钟时间相对照的结果，是不准确的3分钟；而后一个"3分钟"是与标准时间对比的结果，是准确的3分钟。

很多笑话就是通过违反同一律来制造笑料。

农贸市场上有人正在卖苹果。卖了半天，摊位前还是少有人来。到底该如何才能把苹果卖出去呢？他灵机一动，高声叫道："谁买苹果，真正的进口货！”

附近购买果蔬的人一听是“进口货”，纷纷围拢过来购买。其中一位顾客一下子买了10斤，还没有离开就迫不及待地吃了起来。他吃了几口，觉得和平常的苹果没有什么区别，便问卖苹果的：“你这苹果恐怕不是进口的吧？”

卖苹果的回答：“你不是已经开始进口了吗？这怎么不是进口的呢？”

很多人都推崇外国的东西，不管买什么，总觉得进口的东西比国产的好。卖苹果的人正是抓住了人们的这一心理，偷换概念，故意把入嘴的东西称为“进口货”。

物理老师出了一道题目：“一炉铁水凝结成铁块，其体积缩小了1/34。后来，铁块又熔化成铁水，体积要增加多少？”

刘向明说：“熔化后的铁水的体积，比铁块增加1/33。”

吴敏反驳道：“不对，同是一块铁，为什么缩小的是1/34，增加的是1/33，不是自相矛盾吗？”

刘向明说：“不是我自相矛盾，而是你混淆了概念。”

吴敏确实犯了“混淆概念”的错误。因为“增加”和“缩小”是两个相对的概念，并不是绝对的。“增加”是相对于铁块，而“缩小”是相对于熔化后的铁水来说的。她把两种不同的情况看作绝对的同一情况，也就是把不同的概念看成同一概念。

二 矛盾律：只因不相容，只有一个是对的

矛盾律要求人的思想认识不可自相矛盾。在同一思维过程中，如果条件相同，那么从同一方面、对同一事物的思想认识一定要做到首尾一致，不能既肯定又否定。也就是说，两个互相矛盾的命题，不能同时为真，也不能同时为假。

（1）电站外高挂一块告示牌：“严禁触摸电线！500伏高压一触即死。违者法办！”

（2）一位小伙子给女朋友写信："我爱你爱得如此之深，愿为你赴汤蹈火。如果星期六不下雨，我一定来找你。"

（3）他的意见基本正确，一点儿错误都没有。

（4）今年研究生考试，我有信心考上，但没有把握。

第一个例子中，"一触即死"和"违者法办"就是一对互相矛盾的命题，人死了以后也就不能再通过法律严办了。

第二个例子中，"为你赴汤蹈火"和"不下雨就来找你"互相矛盾。"赴汤蹈火"的意思是为了你什么事情都愿意做，什么困难都克服，也就是说，这是一个全称命题。"不下雨就来找你"是一个特称否定命题，而全称命题与特称否定命题属于矛盾关系。

第三个例子中，"基本正确"和"一点儿错误都没有"具有矛盾关系。"基本正确"指的是大部分正确，也就是说有的正确，有的不正确，这是一个特称肯定命题，与"一点儿错误都没有"这一全称否定命题是矛盾关系。

第四个例子中，"有信心考上"和"没有把握"是矛盾关系，有信心指的就是有把握，后来又说没有把握，自然是自相矛盾。

曾在一篇报道中出现过这样一句话："中国园林建筑始于汉唐时期。"大家都知道，汉朝和唐朝是两个朝代，且时间相距约400年。也就是说，中国的园林建筑如果始于汉朝，就不可能始于唐朝；如果始于唐朝，就不可能始于汉朝，这两者是不能同时成立的。

"中国曾有过汉唐盛世"，这一说法没有问题，是因为我们完全可以把这个判断分解为两个可以同时成立的判断；而如果说"某某物始于汉唐时期"就不行了，因为在分解这两个判断时，这两个判断本身包含着不可调和的矛盾。

因为违反矛盾律出现自相矛盾错误的表现形式有很多种，下面介绍其中两种表现形式。

（1）自语相违。自语相违，就是指同一句话本身表达了两个自相矛盾的判断。

刘小达十分贪玩，有一天不想去上学，打算逃几天的课，便学爸爸的声音和腔调给老师打电话："老师你好，我的孩子刘小达得病了，可能三四天以后才能去学校上课。”

老师一听便知道是刘小达的声音，便问：“哦，刘小达病了啊？那您是谁啊？”

刘小达说：“我是我爸爸啊！”

刘小达在回答老师问题时说了一句不能自圆其说的话，他在一句话中同时肯定了“自己既是自己，又是自己的爸爸”，违反了矛盾律。

（2）在同一个思维或表述过程的前后，同时肯定了两个具有矛盾关系或反对关系的判断。

病人对医生说：“我对以前的记忆完全消失了。”

医生问：“什么时候开始消失的呢？”

病人回答：“去年10月25日。”

病人前边刚说自己的记忆消失了，后边又清晰地说出了记忆消失的具体日期，表述前后自相矛盾。

李航家的门铃坏了，他请张师傅来维修。张师傅满口答应，说自己第二天一定去修。

第二天，李航等了一整天都没见张师傅来。于是，他第三天就问张师傅：“咱们不是说好了昨天你来我家给我修门铃吗？你怎么没来？”

张师傅说：“我怎么没去？我去了好几次，每一次去按门铃，你们家都没有人来给我开门，所以我只好回去了。”

在上面的对话中，“好门铃”和“坏门铃”是两个具有矛盾关系的概念，在同一思维过程中，张师傅不能用“好门铃”和“坏门铃”同时表示李航家的门铃。张师傅既然已经答应去李航家修门铃，说明他已经知道李航家的门铃是坏门铃。然而，当他去李航家时又把李航家的门铃当作好门铃来使用。在其思维中，李航家的门铃到底是好门铃还是坏门铃呢？如果是坏门铃，为什么他还要用它来叫门？如果是好门铃，为什么要去修它？很显然，张师傅的思维是自相矛盾的。

需要注意的是，矛盾律要起作用也是有条件的，即在同一时间、同一关系或同一方面下，对于同一对象而言的两个互相矛盾或互相反对的思想。如果不符合这些条件，矛盾律就难以成立。例如，当李航还是学生时，可以说“李航是学生”，而当他毕业以后，又可以说“李航不是学生”。由于这两个判断不是在同一时间条件下做出的，所以并不自相矛盾。

矿工的儿子问妈妈：“我们为什么不生火呢？”

妈妈说：“因为没有煤。”

儿子问：“为什么没有煤？”

妈妈说：“因为你爸爸失业了，我们没有钱买煤。”

儿子问：“为什么爸爸失业了？”

妈妈说：“因为煤太多了。”

从表面上看，妈妈说的话前后自相矛盾，刚说了“没有煤”，后边又说“煤太多了”。不过，仔细分析一下便发现，妈妈讲的话并不矛盾。她前边说的“没有煤”，是指家里没钱买不起煤；后边的“煤太多了”，是指煤矿开采的煤太多，供过于求，矿场上的煤卖不出去，导致作为矿工的爸爸失业。也就是说，妈妈是从不同的方面表达这两者关系的，所以不违反矛盾律。

当然，矛盾律排斥的是人们思维或表述过程中的逻辑矛盾，并非客观事物本身的矛盾。客观事物本身的矛盾是指事物内部包含着的既互相联系又互相对立的方面，是事物内部的对立面的统一。这是一种普遍存在的矛盾，如生与死、生产力和生产关系的矛盾等。

三 排中律：请做出排他性的选择

亚里士多德曾明确表述过排中律：“在对立的陈述之间不允许有任何居间者，而对于同一事物必须要么肯定，要么否定其某一方面。这对于定义什么是真和假的人来说是十分清楚的。”

亚里士多德这句话的意思是说，人们的思想认识必须保持明确性，对于互相矛盾的两种思想必须做出排他性的选择。在讨论问题或者表达自己的观点时，一定要说清楚，不能模棱两可，含糊不清，否则别人会以为我们没主见，立场不明。《墨经》中也有过类似的说法：“或谓之牛，或谓之非牛，不可两不可也。”

在日常生活中，我们经常会听到这样的话：“我认为降价促销不好，这会使公司品牌价值受损；我认为不降价促销也不好，毕竟目前有很大的销售压力。”“我觉得体罚学生不是一个好主意，当然我也不是说不体罚学生。”以上自认为具有辩证智慧的话，其实是“墙头草”，这样不对，不这样也不对，这种模棱两可的态度就违反了排中律。

排中律有一定的适用范围，并不排除具体事物在其发展过程中有中间环节，以及多种状态和各种可能性。

（1）排中律不能判断交叉集合。例如，“要么是动物，要么不是动物”，但科学家发现，海葵兼具动物和植物的特征。

（2）排中律并不否认某种中间状态，不能判断连续性。例如，“要么是女人，要么不是女人”，那女孩是不是女人？什么时候发育为女人？是否从这一秒之前不是女人，下一秒就是女人？

（3）排中律只适用于两个相互矛盾的思想，不适用于两个相互反对的思想。两个相互反对的思想虽然不能同时为真，但可以同时为假，所以同时否定它们是完全可以的。

当一名棋手被问到下棋的结局时，他可以说“既没有赢，也没有输”，这并不违反排中律，因为下棋的结局除了输赢之外，还有和棋。“输”和“赢”不是矛盾关系，而是反对关系。

从前，有一个国王身材高大，但一只眼睛是瞎的，一条腿是瘸的。有一天，他招来三位画师为自己画像。

第一位画师把国王画得双目炯炯有神，两腿粗壮有力，画像上的国王看上去英姿飒爽，无比威武。国王看后，非常气愤地说：“你这个善于逢迎的家伙，留你何用？”于是，国王命令随从把这位画师拖出去斩了。

第二位画师看到第一位画师的结果之后，只好老老实实地按照国王的本来模样，把国王画得非常真实。国王看过以后也十分生气，说："这还是艺术吗？我长得有这么丑吗？"于是，这位画师也难逃被斩首的命运。

第三位画师临危不乱，机智地把国王画成正在打猎的样子。画上的国王手举猎枪，枪托在瘸腿上，一只眼睛紧闭着瞄准前方。国王看后龙颜大悦，奖给这位画师很多金银财宝，还把他誉为"国家第一画师"。

对国王来说，画师把他画假了不行，画得太真实了也不行，这位国王的思维是不是违反排中律？

其实，在弄虚作假与逼真之间还有另外一种画法，那就是第三位画师的画法——巧妙地画出了国王打猎时的姿势，掩盖了国王的缺陷。

国王的思维并没有违反排中律，他否定的只是两个具有反对关系的思想，而非两个具有矛盾关系的思想。

（4）排中律并不排除人们在认识过程中，由于对事物情况尚未确认，或为跳出对方的陷阱而采取的"二不择一"的态度。例如，排中律不能判断尚未发生的事情，如"明天会不会中奖""我手里的钱会不会花光"等。

（5）排中律不适用于复杂问语，不能对复杂问语中提供的"是"与"非"做出简单的肯定或否定的选择，因为复杂问语中隐含着与实际情况不符或者对方根本不能接受的假定，所以要从根本上推翻它。

（6）有时我们会对两个观点相反的命题进行同时肯定，这种情况下就不一定违反排中律了。

例如，有人问：你觉得人类是进步的吗？你回答："我觉得人类既是进步的，又不是进步的。"如果从进化的角度说，人类目前处于进化的顶端，是进步的；但人类并不完美，还有很多人性的缺点，所以说人类又是不进步的。

因为对"进步"进行了不同的定义，从而得出了看似矛盾的结论。这种情况在日常生活中经常能够遇到，如"酒既是好东西，又不是好东西"。

排中律的运用非常广泛，尤其是逻辑思维训练题，或多或少地运用到了排中律。

一个院子里有四户人家，每家各有两个男孩。哥哥分别是甲、乙、丙、丁，弟弟分别是A、B、C、D。

一位路人经过这里，问道："你们究竟谁和谁是亲兄弟啊？"

甲说："乙的弟弟不是A。"

乙说："丙的弟弟是D。"

丙说："丁的弟弟不是C。"

丁说："甲乙丙三人中，只有D的哥哥说了实话。"

假如丁的话是可信的，那么谁是谁的哥哥呢？

我们假设甲说的是实话，甲是D的哥哥，其他人说的都是假话。因此，丁的弟弟是C，丙的弟弟不是D，也不是C，只能是A或B。甲说乙的弟弟不是A，根据排中律，乙的弟弟是B，丙的弟弟就是A了。

所以，甲是D的哥哥，乙是B的哥哥，丙是A的哥哥，丁是C的哥哥。

四 悖论：有趣的逻辑难题

古希腊克里特岛人埃皮蒙尼德说过这样一句话："所有的克里特岛人都说谎。"那么，他究竟是说了一句真话，还是说了一句假话呢？

如果他说的是真话，由于他也是克里特岛人，他也说谎，所以他说的是假话；如果他说的是假话，则有的克里特岛人不说谎，他也可能是这些不说谎的克里特岛人之一，所以他说的可能是真话。

这就是著名的"说谎者悖论"。和这句话有异曲同工之妙的是某个人说的一句话："我正在说的这句话是假话。"

这种由它的真可以推出它的假，并且由它的假可以推出它的真的句子，就是"悖论"。悖论的一个重要特点是前提明显合理，推理过程合乎逻辑，而得出的推理结果是自相矛盾的命题或者其等价式。

古希腊有一个国王，有一次要处死一批囚徒。囚徒们面对死亡，不禁痛哭流涕。国王这时提出一个想法：“这样吧，我给你们一个机会，让你们挑选一种死法，要么被砍头，要么被绞死。你们随意说出一句话，如果是真话就被绞死，如果是假话就被砍头。”

其中一个囚徒站出来，对国王说了一句话：“你要砍我们的头。”

国王听了左右为难，最后只能放了这批囚徒。

这名囚徒聪明地利用悖论使自己和同伴获救。他说“你要砍我们的头”，假如这句话是真的，那么他说的就是真话，要被绞死；如果他说的是假话，就应该被砍头，这样一来他又说的是真话。国王不能既判他被绞死，又判他被砍头，只能放人。

“如果1粒谷子落地不能形成谷堆，2粒谷子落地不能形成谷堆，3粒谷子落地也不能形成谷堆。以此类推，无论多少粒谷子落地，都不能形成谷堆。”这句话虽然是从真实的前提出发的，推理形式也可以被接受，但结论明显错误，因为“堆”缺少明确的边界。这个悖论是在一个前提的连续积累中形成的。由于“堆”与“不是堆”之间没有明确的界限，解决的办法就是明确给出一个“堆”的定义。

悖论不仅仅是大哲学家或大思想家的思维游戏，它还总是启发着人们进行更深入的思考，想方设法地消除悖论，保持思维的一致性。

五 充足理由律：给我一个理由相信你的合理

充足理由律，指的是在思维和论证过程中提出或证明一个命题，必须有能够表明它真实的理由。这种理由本身不仅应当是真命题，还必须与推出的命题之间有逻辑推论关系。

充足理由律指导着人们的思维过程，因为人们在发表意见、提出思想、确立论断时，要想使论断更具真实性，就必须提出可靠的依据，只有这样才能被别人信服。

在古代，有个人杀死了妻子，由于害怕官府追究，他就将房屋烧毁，然后哭着告诉别人，房屋不慎失火，妻子被烧死了。他妻子家族的人对此事有所怀疑，于是告到县衙。

县令命令手下人捆来两头猪，杀死其中的一头。他让手下人将死猪和活猪同时放到柴草堆里用火烧。火灭后，取出两头猪看，被事先杀死的那头猪，嘴里无灰；而活着烧死的猪，张着嘴，口中有灰。

来到失火现场，县令派手下人检验尸体，发现死者口中很干净，没有灰。于是，县令诘问这个杀害妻子的人："你妻子不是被火烧死的！凡被烧死的人，死前在火中烟熏火燎，呛得喘不过气来，迫于呼吸，口中势必吸进一些灰。而你的妻子口中一点儿灰都没有，非常干净，这是为何？"

这个人知道露出了马脚，无话可说，只能交代了杀妻的罪行。

县令做出"你妻子不是被火烧死的"的论断，之所以使人信服，就因为他提出来的根据是加以证明的，是符合实际的，这在逻辑里是符合充足理由律要求的。

日常生活中，并不是每个人都能遵守充足理由律，违反充足理由律的情况还是很多的。违反充足理由律的形式主要有以下几种。

（一）毫无理由

从字面上就可以看出，这种错误是指不讲任何理由，没有依据就下结论。

1987年，大兴安岭发生特大森林火灾，而恰巧费翔当年在春节晚会上唱了一首《冬天里的一把火》。于是，就有人信口胡说，认为大兴安岭的火灾是费翔唱歌唱出来的。这显然是毫无根据的谬论，因为唱歌和火灾根本没有任何关系。

（二）虚假理由

这类错误虽然也列举出一些理由，但这些理由不客观，一般是主观臆造的，事实上根本不存在。例如，"蝙蝠属于鸟类，因为蝙蝠有翅膀，而有翅膀的生物都是鸟类"。"有翅膀的生物都是鸟类"是不正确的，这个理由非常不客观，是说话人主观臆造的。

吴强说："篮球队的队员都那么高，看来经常打篮球可以长高啊！"他认为经常打篮球是可以长高的理由。事实上，篮球队的队员都高并不是经常打篮球的原因，这是吴强个人的主观臆想。

娱乐圈中有很多"神奇的事情"是违反充足理由律的，例如，一般萧敬腾到一个地方准备参加节目或者举办演唱会，那么基本是要下大雨的，甚至连常年干旱的地方都会奇迹般地出现雨滴。因此，他被媒体和粉丝戏称为"雨神"。

人们通过萧敬腾一开演唱会就下雨这一经验，推断出其有"呼风唤雨"的"本领"，为其起了"雨神"的称号，是将自己的主观臆想强加到歌手身上，只不过这种行为无伤大雅，甚至有一丝娱乐精神，轻松而幽默。

（三）论证错误

这类错误比较隐晦，因为给出的理由也正确，只是不能由理由推出结论，两者之间没有什么必然的联系。

《笑笑录》里有一段"痴人说梦"的故事：一个姓戚的男子从小没有读书，性格比较痴呆。一天早上醒来，问旁边的丫鬟："你昨天晚上梦到我了吗？"

丫鬟答道："没有。"

戚某大声骂道："我在梦中分明见到你了，你怎么还抵赖？"

他跑去找母亲说理："这个丫鬟真该打，我昨天晚上梦到她了，她却定要说没有梦到我，你说哪有这样的道理？"

戚某昨夜梦见人家，怎么能必然推出人家梦见他了呢？自己梦到别人和别人梦到自己之间是没有必然联系的，不符合充足理由律。

有一次，老师在班里举行绘画比赛，宣布这次画得好的同学可以得到巧克力。同学们都很高兴，每个人都非常用心地画画。到了午休时间，老师带着同学们到食堂吃饭，却忘记把抽屉里的巧克力带走了。

吃完饭回来，老师发现巧克力包装袋已经被人拆开，有些巧克力不见了，而袋子的旁边正好有王晓磊的铅笔。

老师生气地把王晓磊叫到身边，斥责他说："你也太调皮了，怎么能偷吃巧克力呢？"

王晓磊知道自己被冤枉了，但他不慌不忙地说："老师，如果袋子旁边放着谁的铅笔就说明谁偷吃了巧克力，那么如果放着老师您的铅笔，是不是就说明您偷吃了巧克力呢？"

老师被王晓磊的话问住了，发现他说的话也有道理。

王晓磊继续说道："袋子旁边放着铅笔，说明是有人留在那里的，可能是铅笔的主人，也可能是其他人。"

老师认为王晓磊说得有道理，扫视了一下教室，说："在这么短的时间内偷吃巧克力，这个人肯定来不及到较远的卫生间洗手，大家把手伸出来，只要检查手，就能知道是谁偷吃巧克力了。"

老师的话刚说完，坐在角落里的李宣低下头，承认自己偷吃了巧克力。

在这个案例中，王晓磊通过先分析老师话中的推理，再根据事实来为自己洗脱嫌疑。老师的话语逻辑是"巧克力包装袋旁边有谁的铅笔，谁就是偷吃者"，而王晓磊指出了其中的逻辑错误，因为尽管前提正确，但从这个前提并不能必然推出谁就是偷吃者。

充足理由律有它的客观基础，即客观事物之间的条件联系，特别是因果联系。因此，在某一关系中，知道某一事物的存在，就可以成为知道另一事物的根据。这类必然的关系反映在思维领域中，就形成了充足理由律。

LOGIC

第六章

预设谬误：前提不相干，结论怎能正确

要想正确地推断出结论，必须要有一个正确的前提。正确的前提不仅要符合事实，还要与结论保持相关联系。如果违反前提与结论的相关联系，就会“预设谬误”。试想一下，如果连前提都不正确，根据前提得出来的结论又何谈正确呢？

一 窃取论题：怎么可能直接接受你的论点

论证的目的是证明一个论点，而论证者的任务就是要提供可以证明论点的确切证据。窃取论题谬误要求受众直接接受论点或结论，不给出任何真正的证据。窃取论题谬误是一个非常致命的错误，因为它试图避过整个论证的过程。犯这种错误的论述，表面上看是一个论证，但实际上不是。

造成这种谬误的原因是缺乏真实前提为结论提供充足的支持。这种谬误的重要标志是：把有待证明的观点当作不证自明的前提条件。

在《士兵突击》中，许三多有句话流传甚广："好好活就是干有意义的事，有意义的事就是好好活！"这句憨厚的话充满了积极的鼓舞人心的力量，传递了积极的人生态度。很多人因为喜欢故事里的角色，把这句话当作自己的座右铭。不过，在逻辑学上，这句话是典型的窃取论题，也称循环论证。毫无疑问，该论证的论据本身的真实性是经不起推敲的。

循环论证经常被应用到诡辩中，诡辩者为了达到支持某项主张的目的，会采用循环论证的方式绕晕对方。

法国喜剧作家莫里哀在其作品《无病呻吟》中辛辣地讽刺了循环论证。

阿尔冈申请参加全国医学会，医学博士们组织面试。以下是面试时的对话。

博士们：你好，请问鸦片为什么能够使人入睡？

阿尔冈：由于它本身具有催眠的力量，它会使人知觉麻痹。

博士们：哦，鸦片为什么会有催眠的力量呢？

阿尔冈：因为它能引人入睡。

博士们：你回答得很好。恭喜你，过关了，欢迎你成为全国医学会的会员。

阿尔冈的回答就是在原地兜圈子，论证毫无进展。

因此，在以后和别人交谈时，如果对方的话语中出现类似"玻璃碎了，因为玻璃易碎"的逻辑推理时，我们就要小心，对方可能会利用循环论证进行诡辩，或者胡搅蛮缠。这是对方回避问题的一个重要手段。

从前，有一位据说学问渊博的学者，每当人们遇到困难时，就会去请教他。

有一天，一个穷困的年轻人前来请教这位学者，问："先生，我用尽了各种办法努力脱离穷困，可是一直不能成功。请问，为什么我会如此穷困呢？"

"为什么会如此穷困？是的，经常会有人来问我这样的问题。但是，很少有人针对这个问题做更深入的探索。"

学者倒了一杯水，喝了几口后，继续说："这次，我们就来仔细分析看看吧！你为什么会穷困呢？那是因为你的财务状况窘迫的缘故，如果财务上宽裕，就不会穷困了，对吧？"

"是的。"

"你就是没有想到这一点，所以就没有努力解决财务窘迫的问题，现在你终于知道了这个重要的原因。只要努力解决它，你自然就能够脱离穷困啦！"

年轻人听完学者的一番话，恍然大悟，高兴地说："我现在终于知道我为什么会穷困了！今后我一定要努力解决财务窘迫的问题，真的非常谢谢您！"年轻人向学者道谢后就回去了。

可没过几天，年轻人又来找这位学者。

他有些犹豫地说："先生，可能是我太笨了，虽然我已经知道自己为什么会穷，但我怎么都不明白我的财务状况为什么会窘迫。您可不可以再指点我一下？"

学者说："就是因为你没有钱，也没有财产，所以财务状况才会窘迫的啊，这就是问题的症结所在。"

年轻人听了，大受启发，高兴地说："现在我终于明白了，也就是说，我的财务状况窘迫的原因是我没有钱，也没有财产。"

年轻人向学者道谢之后就回去了。

然而，几天后，年轻人又来找学者了。他红着脸问道："实在不好意思，先生，真的很抱歉。经过先生的指点，我已经知道我的财务状况为什么会窘迫，但请问，我为什么会既没有钱，又没有财产呢？"

这位学者不耐烦地答道："你真是不可理喻啊！你为什么会没有钱，又没有财产呢？那当然是因为你穷啊！如果不穷就会有很多钱，也会有很多财产的嘛！不会自己动脑筋思考这些问题吗？动不动就来问我，真是很烦人啊！"

我们可以明显地看出从一开始这位学者就犯了“循环论证”的逻辑错误。他先是把年轻人贫困的原因归结于财务状况的窘迫，可是“财务状况窘迫”与“穷困”是同样的意思，学者只是以“你会穷困”这个根据来支持“你会穷困”这个结论罢了。

由于学者所提出的论据与结论完全相同，就等于始终没有提出任何论据。虽然他啰唆地讲了一箩筐的话，但是只等于说了“因为你穷，所以你会穷”。当年轻人又回来问“为什么我的财务状况会窘迫”时，学者说“因为你没有钱，也没有财产，所以你的财务状况会窘迫”。“没有钱，也没有财产”与“财务状况窘迫”是相同的意思，所以这位学者一直重复地说同样的话罢了。

如果两个论证前后相连地放在一起，它们的循环性就会很容易看出来，所以很多论证者会故意在两个论证之间夹杂很多内容，以便将其岔开很远，以期对方在知道第二个论证的时候，已经忘记了第一个论证的内容。

例如：

因为人的命运是注定的，他们缺乏自由的愿望。

（然后，几页之后，我们又读到）

根据人类缺乏自由愿望的事实，所以他们的命运是被注定的。

二 复杂问语：居心叵测的问话

复杂问语是一种比较常见的预设谬误，它以假设隐藏在问句中的某些论断为真的方式来询问问题。这种问题是修辞性的，不是真正用来寻求问题本身答案的。提问者一般会悄悄地引进其假设，利用预设谬误达到自己的目的。

举个例子，一位公司经理问：“为什么小王的工作效率比小李高得多？”这个问句就假定了小王的工作效率更高。

复杂问语通常是一种欺骗设置。这类问话一般话里有话，隐藏着一个为对方不具有或者不能接受的事实，不管对方做出的是肯定回答还是否定回答，其结果都是间接承认这个事实。

现在网络时代，标题党“漫天飞舞”，这些标题中经常出现带有这种目的的问题。这些标题想方设法表明未经说明的假定为真。

“为什么中国的物价远高于美国？”——有的东西中国的贵，有的东西美国的贵，文章作者却故意忽略后者。

“我们社会中的人们为什么不敢扶老人？”——不扶老人只是个案，由于极具典型性，媒体煽风点火，将其推到整个社会的人都不敢扶老人。

既然复杂问题的提问者如此“居心叵测”，面对复杂问语时，我们就要明辨是非，仔细思考后再做周全的应对，切不可简单应付。如果对方说“你现在是否停止抄袭别人的作业了”，我们应该说“我从来没有抄过别人的作业”，这样就从根本上否定了他的问话。

在冯巩的小品《返乡》中，由于旅馆房间不够，主人公与同乡的晚辈必须同住一间房。主人公质问老板娘：“我和他一块儿住，丢了东西谁负责？”

同乡晚辈问：“我是小偷啊？”

主人公转过头来问：“你改啦？”

晚辈没来得及思考，就脱口而出：“谁改了？”

主人公立刻强调：“你看，他没改！”

在这段搞笑的对话中，主人公就是使用了复杂问语。由于主人公不信任晚辈，怀疑他是小偷，便用诱导性的话语验证他是小偷。由于晚辈没有仔细思考，便中了语言圈套，其实他应该说：“什么改不改？我本来就不是小偷！”

凡事有利有弊，复杂问语如果被合理运用，也可以起到事半功倍的效果，最典型的使用情景便是刑侦。刑侦人员调查案件，需要走访很多人员，询问情况时，就可以运用复杂问语发现蛛丝马迹。

刘云为了早日继承岳父的遗产，与一位医生串通谋害了生病住院的岳父。侦查过程中，刑侦人员对医生产生了怀疑，觉得医生与刘云是同案犯罪嫌疑人。不过，刑侦人员一直没有证据证明自己的结论。

有一天，刑侦人员询问这位医生：“你是病人的主治医生，除了病人的病情，你还知道他的什么其他情况吗？”

医生干脆地说：“我只知道他的病情，其他的我一概不知。”

“那么，他的儿子常来看他吗？”

医生说：“他哪有什么儿子，只有一个女儿，老婆死了20多年了，他女儿经常带着孩子来看他。”

刑侦人员说：“看来你并不是对他的情况一无所知，而是非常了解啊！”

医生顿时满脸通红，自首了。

刑侦人员的“他的儿子常来看他吗”隐含着“他有儿子”的判断，医生无意间否定了这个判断，使自己陷入自相矛盾的尴尬境地。

三 原因虚假：无因之因，缘出前物

虚假原因谬误是指把实际上不是某情形或者事件的原因当作原因，任何依赖这一原因所做出的推理必然是严重错误的。

有时候事物之间是否具有因果联系，其因果联系是否是错误的，还是存在很大争议的。

有些人说，大学老师评分宽松是因为他们担心评分过于严格会影响学生对他们的评价，不利于他们的职业发展。

某位大学教授这样说：“现在很多学校要求学生完成课程评价表，老师的薪水受这些评价结果的影响。10年前我来到这所学校，当时我的薪水比其他教授的高，但是我对学生的评分标准没有跟随宽松的潮流，学生对我的评分抱怨的越来越多，现在我的薪水已经成为教授中的最末位了。”

这位教授说的话很有可能犯了虚假原因谬误。因为他想当然地把自己没有跟随宽松潮流，进而学生对其评价低当作自己薪水低的原因。这个原因或许存在，但不具备必然性，他的薪水低还有可能是因为他的教学方法没有与时俱进，学生们对此不满而评价差，进而导致他的薪水低。

我们在生活中经常会看到这种现象：人们假定一件事情是另一事情的原因，只因为另一事情在时间上紧随前者。其实我们都知道，纯粹的时间连续并不能确定因果联系，但我们在生活中经常对此深信不疑。

蔡晓斌搬到新房子之后，就被查出患上了癌症，一家人埋怨这房子不好。

“这房子肯定不好，中介真是个大骗子。你看，我们刚刚搬来没多久，我丈夫就被查出癌症来了。呜呜……”蔡晓斌的爱人张璇哭诉道。

别人也附和道：“是啊，真是太不幸了。不要伤心了，尽快治疗吧！”

其实，大家都心知肚明，这哪里是因为房子的问题啊，癌症可不是一两天就得了的。大家都对她表示同情，但也不便说什么，只怕再戳痛她的心窝。

在这个案例中，张璇错误地把先后关系当成了因果关系。

虚假原因谬误在某些情况下很容易被看穿，因为其与人们的常识相悖，人们容易感知到，而当谬误非常隐晦，因果关系让人不知其真假时，很多人便犯起了迷糊，错误地将其当成真实的因果关系，从而犯了虚假原因谬误。因此，我们要注重常识积累，更要仔细思考，不被表面上的时间先后顺序所误导。

四 偶例谬误：以偏概全不可取

偶例谬误，是一种以偏概全，根据一件事情或者几件事情就轻率地得出结论，往往后来被证明是错误的。

以偏概全是归纳推理过程中很容易出现的一种逻辑错误，成语“盲人摸象”就十分形象地说明了以偏概全的错误。

从前，有四个盲人非常想知道大象是什么样子，但由于他们看不见，只好用手摸。

胖胖的盲人先摸到了大象的牙齿，说：“我知道了，大象就是一个又大又粗又光滑的大萝卜。”

高个子的盲人摸到大象的耳朵，说：“你说得不对，大象明明就是一把大蒲扇嘛！”

小个子的盲人摸到了大象的腿，说：“你们说得都不对，大象是一根大柱子。”

年老的盲人摸到的是大象的尾巴，他忍不住嘟囔道：“都说大象很大，我以为有多大呢，闹了半天只不过是一根草绳啊！”

四个盲人争论不休，都说自己摸到的才是真正的大象，实际上谁都没说对。

这个故事告诉我们，使用片面论据论证问题，可能会推出非常可笑的结论。

统计学中，很多人由于采集样本数量过少，得出的结论可能与事实不符，这也犯了以偏概全的逻辑谬误。

几年前，韩国首尔大学某教授曾发表论文《中国电视观众电视剧消费品位指导》，他在论文中展示了一个非常有趣的发现：高学历、高收入的中国人喜欢看美剧和部分日剧，而低学历、低收入的中国人喜欢看韩剧和港台电视剧。

据说这位教授调查了北京393名20～50岁的人，以他们为研究对象，并且让他们观看包括中国、美国、日本、韩国的各20部电视剧，然后收集了2万条评论进行分析，从而得出了上述结论。

教授在论文中分析，因为高学历、高收入的观众喜欢充满理性和轻快感的电视剧，所以美剧和部分日剧因为情节紧张和出乎意料受到他们青睐；低学历、低收入的观众之所以喜欢看韩剧，是因为很多韩剧缺乏逻辑性，观众们在观看时不用动脑子，只需要发泄感情即可。

其实，对于这篇论文中的分析，喜欢看韩剧的人大可不必为此计较，喜欢看美剧的人也没有必要觉得有优越感。这篇论文使用的是不完全归纳推理中的统计归纳。统计归纳要有丰富的样本量，这位教授只调查了393名全部来自北京的人，相对于中国的人口数量和国土面积，显然样本量太少且过于集中，这就犯了以偏概全的逻辑谬误，所以得出的结论并不可靠。

社会偏见是一种非常典型的以偏概全，因为我们不可能和某个群体的所有人交往，在这种情况下，我们常常会通过一小部分人来推断整个群体，这就是社会偏见形成的原因。社会偏见一旦形成，改变过来是极其困难的，带有社会偏见的人最常做的事情就是“一竿子打翻一船人”。

以偏概全往往是通过个别事物确定整体事物，很多时候会显露出自己的无知。为了在生活中尽量减少这一情况，我们要学会客观地看待周围的人或物，从多个角度进行分析和认识，不要局限于某一方面。

五　过度概括：不要否认例外的存在

过度概括，就是认为通则不会出现任何例外，否认例外的正当性。这种想法当然是错误的，因为生活中的很多事情不是那么绝对的，事物都有多样性的一面，规则也有被打破的时候。不管一个人多么博学，他都不可能了解世界上的所有事物。

我们首先了解什么是概括。当从特定观察建构出通则时，概括也就应运而生了。合理的概括一定是在经过一连串的观察后，从观察到的特定事件推测，得出能够描述过去、现在和未来的所有观察的通则。

从理论上说，所有概括都是基于现实基础的，因此所有概括都必须接受真实观察的反复测试和确认。没有一种概括是绝对正确的，只能说它在某个时间段相对合理。只要找到例外，就能证明概括有误。

在《名侦探柯南剧场版之引爆摩天楼》中，柯南指出炸毁森谷帝二所设计的建筑的犯人正是森谷帝二本人时，毛利小五郎大声惊叫道：“笨蛋！世界上哪有建筑师会破坏自己的作品啊！”

在这个例子中，毛利小五郎认为“建筑师珍爱自己的作品，因此不会舍得去破坏它。”但是，凡事有例外，因为森谷帝二不满意其早期设计的非左右对称风格的作品，所以要炸毁它。这种情况下，毛利小五郎在常识中所构建的一般规则不再适用。

任何观点、陈述或断言只要用上了“所有”一词就难以持续，因为它过于极端。假如我们经常使用“从不”“总是”“一定”等字眼，那么就要注意了，我们可能犯了“过度概括”的错误，只要一个相反的例子就能把观点驳倒。

人们在澳大利亚发现黑天鹅之前，一直以为天鹅都是白色的。但随着第一只黑天鹅的出现，这个不可动摇的信念崩溃了。黑天鹅的存在寓意着不可预测的重大稀有事件，它在意料之外，却又改变着一切。人类曾过度相信经验，而不知道一只黑天鹅的出现足以颠覆一切。

六 不当类比：不可胡做比较，本质不能忽略

不当类比指的是，当需要类比两种或两种以上的事物、观点或情形时，假如所类比的事物并非真正类似，这种类比就不恰当。

例如，“菜刀和枪支一样，都是由金属制成的可以杀人、伤人的工具，我国明令禁止购买枪支，因此也应该禁止购买菜刀”。这句话就犯了不当类比的错误。虽然菜刀和枪支有一些共同特性（均为金属制成，都是工具，都可以杀人、伤人），但这些特性并不能成为禁止购买菜刀的要害问题。菜刀和枪支的最根本区别在于：枪支可以远距离杀人伤人，而菜刀基本不可能出现这种情况，况且菜刀还是日常切菜、切肉必备的工具。

很多人为了诡辩或者逃避责任，经常不当类比误导他人。

某相声演员曾经代言减肥茶，被消费者举报减肥茶无效。不仅如此，央视“3·15晚会”也曝光了这个产品，将该广告认定为虚假广告。该相声演员对此不服，提出多条反驳理由。

“有人质疑，广告上说迅速抹平大肚子，他们说不灵。呵呵，真是矫情。方便面包装带上印着大虾肉块，也没见有人去方便面厂上吊去。藏秘排油广告画上还有四个藏族姑娘呢，您也要？”

这段话在逻辑上有大问题。减肥茶最大的核心价值是“减肥”，失去了减肥功效，这个产品毫无意义；方便面的核心内容是面，尽管袋子上印着名不副实的大虾，但那只为了美观而添加的辅助画面，没了这些，方便面的核心内容还是存

在的。这种类比非常不合理。

有个笑话也反映了不当类比的错误。

消费者对老板抱怨：“老板，你这牛肉面里怎么没有牛肉啊？”

老板冷淡地回应：“很正常啊，你看，夫妻肺片里面也没一对夫妻啊，老婆饼里面也没有老婆啊！”

一般来说，不当类比有一个共同点，通常提供一个小同而掩盖大异，看上去大同小异，其实是小同大异。提供几个看上去一样的点，但这些点并不是最关键的属性，模糊了最核心的差异。

因此，我们要质疑或者戳穿不当类比，最关键的就是要发现类比事物之间的核心差异，揭露其中的小同，直指其中的大异。

七　虚假论据：弄虚作假，最后结论只能是空中楼阁

从一个错误的前提出发，一定会推出一个荒唐的结论，就像小品中所说的“你用谎言去验证谎言，得到的一定是谎言。”

虚假论据就违反了“论据必须已知为真”的规则，用编造的理由或无中生有的例子作为论据来论证论题。

日常生活中存在很多虚假论据，有的是因为缺乏常识而弄错，有的则是故意弄虚作假捏造论据。使用常识做论据时，首先要弄清楚常识背后的逻辑论证是否成立。记住一点，并非所有的常识都是正确的。

狗一岁相当于人七岁。

这一常识简单地把狗的寿命折合成人的寿命，但数字不能这么简单地算出来。由于不同犬种有不同的预期寿命，一般短到6年，长到13年甚至更久。其实狗有非常短的未成年期和很久的成年期，所以这句话将狗和人的寿命进行简单的比较是没有意义的。

流鼻血时要抬高下巴。

流鼻血时抬高下巴只能防止鼻血流到地上，不会起到止血的作用，反而还会增加鼻血流进咽喉的危险。正确的做法是：在鼻孔中间塞一小团棉球，轻压鼻翼，并将头部前倾。

上述是常见的虚假常识，如果在论证过程中有意无意地运用这些虚假常识作为论据，结果的正确性就无法得到保障。

任何一个论证，要想得到正确的结论，除了要有合理的结构以外，前提或论据必须是真实的。

有心欺骗的人才会刻意提供虚假的前提。如果你对自己的论据有一丝怀疑，那么请在使用它之前重新检查，这对于得到事实真相有着非常重要的意义。

假如结构合理，但前提不正确，会产生什么样的结论呢？

每个动物都有四条腿；

所有人都是动物；

所以，所有人都有四条腿。

这是多么荒谬的结论！正所谓“失之毫厘，谬以千里”，由一个错误的前提出发，哪怕这个论证结构再合理，结论也不会正确。

演员是用演技刻画人物形象的人；

何晨是一名演员；

所以，何晨是用演技刻画人物形象的人。

由于这个论证结构合理，前提正确，所以这个论证是合理的。

八 不证而论：没有论据，只有论点

不证而论，就是只摆出结论，没有提供足以支持结论的论据和论证过程。只有论点，没有论据，这种结论就是空泛的，没有坚实的基础，很容易被推翻。

有人不懂充足理由律，喜欢妄下结论，这些结论没有充足的论据支撑，可以说是强加于人。

《乌合之众》的作者勒庞说："不客气地说，大多数人，尤其是群众中的大多数人，除了自己的行业外，对任何问题都没有清楚而合理的想法。"广告人深谙此道，利用断言法为消费者提供清晰的价值主张，下达明确的购买指令，帮助消费者减少思考成本。

断言法，就是直接给出结论，不给论据和论证过程的方法。这种方法在广告界用得非常广泛，其中最典型的便是脑白金的"今年过节不收礼，收礼还收脑白金"。很多人认为脑白金的广告策略不会持久，很快就会失效。但事实证明，脑白金的生命力还是持久的。意识不到这条广告价值的人不懂群众心理，在现在商品泛滥的时代，消费者需要商家给他们提供断言，而自己可以获得简单、直接的购买答案。

当然，这是不证而论的积极方面，不过，有时妄下结论还会伤害他人，造成不必要的麻烦。

曾经发生过一起18岁凶手杀害老师的案件，在这起案件中，凶手有着可怕的反社会人格，极其偏激和自私，心理扭曲，在接受采访时一直在微笑，对犯罪事实一点儿都不后悔。

通过记者调查，这是一起个案，是由具有反社会人格的心理病人制造的血案，并没有什么深刻的社会原因和体制根源。但是，在刚刚曝光杀师案时，一些评论者在事实还不清楚的情况下就迫不及待地做出判断。

这些评论者习惯性追热点，根据碎片化信息进行归因，有的指向留守儿童问题，有的批评师生关系恶化，更有甚者，归罪于老师的问题和学生压力过大。

当然，这些结论到后来都被事实驳斥了。

九　隐藏证据：自动省略对自己不利的事实

在讨论一个主题时，人们至少要从两个方面去考虑，而不是在一个方面认死理。不过，有时候我们很难确定我们所要考虑的几个方面有什么证据。任何一个说出具有说服力的话的人，都没有义务去讨论事情的方方面面，但绝对有义务不隐瞒与所讨论的主题相关的方面。

不过，有人故意隐瞒与其拥护的结论相对立的证据，于是他就犯了隐藏证据谬误。

某商业巨头承诺："如果本镇允许建厂，就会产生巨大的经济效益，推动本镇的经济发展。"

他援引其他建过厂的村镇的事实，说建厂能够降低失业率7%～10%，村镇经济能够在5年内提升40%～70%，财富值也增加了。

单纯看他的承诺，很多人可能会觉得建厂很合适。其实，商业巨头只是列出了建厂的好处，但省略了建厂的不利方面：大多数工人是外来人员，这将会改变镇地区的职业结构；工厂运营前两年，建厂的镇的犯罪率增长了40%～70%。

这些都是与建厂有关的负面证据，但被商业巨头隐藏了。

保险推销员试图说服我们购买一款终身寿险时可能会这样说："如果退休时您健在，您可以把保单兑换成现金。如果您去世了，钱可以留给您的家人，而您也不必比您今天所支付的多付一分钱。"

即使保险推销员说的话是真的，也不是整个事实。如果我们购买寿险的最主要目的是保证家人的安全，我们从定期保险中就能得到显著的保障。如果我们想投资，寿险应该不是最好的选择。虽然它的安全性高，但回报率低。如果我们想要购买的保险产品具有保险和投资功能，也要让保险推销员告知我们所卖的几个保险产品之间是如何平衡这两个目的的。

不论我们购买的是产品、服务还是点子，商家一般不会给出反对他们的例证。对消费者来说，最明智的做法是找到那些被隐藏的证据。

LOGIC

第七章

含混谬误：意义不同，该选哪一个

在论证过程中，词或短语的意义可能发生变化，在前提中具有一种意义，而在结论中却是另一种意义。词语或者句子的模糊性会导致结论的不确定性。当推论依赖这种变化时，就犯了“含混谬误”。

一 歧义谬误：一个词语的“多重身份”

人们犯“歧义谬误”的情况有三种，第一种是词语歧义，第二种是语音歧义，第三种是句子歧义。

词语歧义指在确定的语言环境下，由于同一词语在不同意义下使用而产生的逻辑错误。

很多词语不只一个字面意义，词语歧义在很多情况下是由多义词造成的，而多义词容易造成意义模糊不清。在多数情况下，只要多加注意，利用语境和自己良好的感觉，不难发现这些不同的意义。然而，当人们有意或者无意地混淆一个词语的意义时，无疑会产生词语歧义。

新兵入伍时，必须到军营理发室把长发剪掉。一个小伙子留了一头帅气的长发，为了当兵，他不得不把自己心爱的长发剪掉。当他坐在理发室内，怀着忐忑的心情理发时，理发师和蔼地对他说：“小伙子，你想保留耳边的长鬓吗？”

小伙子受宠若惊，问道：“可以吗？”

理发师笑道：“当然可以！”说完他拿起理发工具，利索地把小伙子的长鬓剪了下来，装入一个信封里，对小伙子说：“请保留好，做个纪念吧！”

小伙子最开始以为理发师说的“保留”是指不用把长鬓剪掉，但他万万没有想到的是，理发师剪掉长鬓，让自己保留剪下来的长鬓。理发师说的“保留”和小伙子理解的“保留”显然是有歧义的。不过，尽管小伙子白高兴了一场，但理发师用混淆字义的方式制造了一种喜剧性的效果，这种幽默一定可以给小伙子留下深刻的印象，起到了积极的作用。

除了词语歧义以外，语音歧义也是很常见的歧义形式。语音歧义是因同音字词而引起的理解歧义。汉语的同音字词较多，所以语音歧义时有发生。

例如，“常吃这种食物能zhì癌”，我们可以将其理解为“致癌”或者“治癌”，但是意义完全相反。

又如，“这批产品全bù合格”，我们可以将其理解为“全部”或者“全不”，又是两种意义完全相反的理解。

句子歧义指在确定的语言环境下，对同一个句子做不同意义上的解释，表达出不同的命题，从而出现的逻辑错误。

这个人连老师也不认识。

这个人的头发长得奇怪。

天亮时，我想起来了。

你说不过他也得说。

这些句子都是有歧义的。第一句话包含两个意思：“这个人不认识老师”和“老师不认识这个人”，属于语义关系不明。第二句话包含“这个人的头发太长了”和“这个人的头发的样子很奇怪”两层意思，属于多音字引起的语义不明。第三句话包含“天亮时我打算起来”和“天亮时我记起某件事情”两层意思，属于重音不同造成的语义不明。第四句话包含“你说不过他，也得说”和“你说，不过他也得说”两层意思，属于停顿不同引起的歧义。

因此，在生活中与他人交流时，我们一定要注意语言表达是否存在歧义，这样既能避免给别人造成困惑，也能避免给自己带来损失。

二 语境谬误：忽略语境，断章取义

语境谬误指在论述中去除原来的语境，据此建立新推论。当去除语境后，原来的含义一般也会发生变化，所以这种论证往往是无效的。

语境包含的要素有很多，如上下文、时间、地点、情景、对象和前提等，有意无意地忽略语境，就是断章取义，与原意相去甚远。

一般来说，语境对语言的运用有两种作用，一是限制，二是补充。

同样一个词语，在不同的语境中可能表达的意思不同，这时就要依据具体的语境做出准确的理解，这便是语境的限制作用。

下面这段对话说明了词语脱离语境使用所犯的错误。

甲乙两个人谈论起邻居两口子的感情。

甲说："他们之间的感情可好了，两口子从来没有发生过矛盾。"

乙反驳："谁说他们俩没有矛盾？"

甲问："有吗？他们俩有过什么矛盾？"

乙说："任何事物都存在矛盾，没有矛盾就没有世界，所以他们俩之间怎么会没有矛盾呢？"

这段对话中提到的"矛盾"在不同语境下意思不同。甲所说的"矛盾"指冲突，而乙所说的"矛盾"指哲学中的对立统一。这里的语境分明是在谈论日常生活的冲突情况，乙忽略了语境的限制，使讨论变成了争论。

有时一个句子表达的不仅是简单的字面意义，还有可能是语境所赋予的另一种深层含义，这就是语境的补充作用。

句子的字面意义容易懂，但要想弄懂深层次意义，必须结合语境才能做到。

当房间闷热，而我们又关着窗户时，假如另一个人说"今天天气可真热啊"，我们就应该明白，这不仅是一句普通的讨论天气的话，实际上是在暗示我们把窗户打开通风。这种暗示的话只有结合语境才能理解其深层次的含义。

忽略语境，人们之间的交流可能会出现分歧，有人还会因为某人忽略语境来进行诡辩。

电影院正在放映电影，有几个观众正在嬉笑，影响了周围的观众。

旁边的观众忍不住劝道："你们不要讲话了，影响大家看电影了。"

其中一个嬉笑的人一脸不屑地说："你现在不也是在说话吗？"

最后说话的这个人不讲道理。电影院是公共场所，在里面大声说话是违反社会公德的，对这种行为提出批评是正确的。但是这个人指责批评者也在讲话，故意将看电影时说话与制止说话这一行为混为一谈，忽略了语境，无疑是在狡辩。

总之，语境和词义联系密切，语境能够对词义产生多方面的影响。当我们理解一段文字或者一句话时，一定不要忽略语境，这样才能理解准确。

三 重读谬误：穿梭语境，强调出不一样的意境

当一个句子的含义能够通过重读位置的不同而有所变化时，由这个句子得出的论证就是无效的，是具有欺骗性的。

例如，“我们不应当说朋友的坏话”，如果不做重读强调，这句话当然是正确的。但如果重读强调时，就可以通过重读不同的位置得出不同的意思。

重读“朋友”时——我们可以随便去说不是我们朋友的某个人的坏话。

重读“我们”时——其他人可以随便说我们朋友的坏话。

重读“坏话”时——只要不是坏话，我们可以随便说关于朋友的话。

上一节已经讲到，语境使词语的意义更加清晰。重读谬误就是曲解了语境，将词语从语境中引出，再把它放入另一语境中，从而得出一个根本不能从最初语境获得的结论。这种超出语境的引用有时就是故意欺骗。

在一艘邮轮上，船长与大副不和。因为大副经常酗酒，所以船长经常批评他。有一天，大副又酗酒了，船长在记事簿上记录了下来：“大副今天酗酒。”

第二天，大副值班，他看到船长把他酗酒的事情记录了下来，心里很生气，便想报复一下。于是，他在记事簿上也写了一句话：“船长今天没有酗酒。”

返回港口以后，港务局领导检查了记事簿，认为船长和大副都酗酒了，所以对他们两人都进行了处分。

大副玩弄的就是重读谬误，因为船长记录的“大副今天酗酒”与大副记录的“船长今天没有酗酒”紧紧连在一起，于是港务局领导下意识地把“船长今天没有酗酒”的重读音节放在“今天”这两个字上，所以做出了“船长其他时间酗酒”的错误推理。

很多错误信息常常是通过强调某处得出的。出现在新闻报道标题中的大字号敏感词汇，向那些匆匆浏览新闻的人暗示了错误的结论。

四 合成谬误：从部分开始的无效推广

合成谬误一般指从部分性质推出整体性质的推理。有这样一个很典型的荒谬例子：因为某个机器每一个部件的重量都很轻，所以这台机器作为整体，重量也很轻。但是当我们看到一台机器包括数量非常庞大的重量轻的部件时，就会知道自己错了。

当然，这种合成谬误过于明显。不过，有的合成谬误容易误导人。有人说：“由于剧本的每一场都是艺术完美的典范，所以该剧本作为一个整体也是艺术完美的典范。”这个合成谬误非常隐晦，部分要想成为整体，必须有合理的结构才行。剧本的每一场都很完美，但如果每场之间的结构没有组织好，整个剧本的结构出现了问题，也就不会成为艺术完美的典范了。

其实，合成谬误除了从部分无效推出整体以外，还有另一种情况，即从一个集合的单个元素或者分子的性质推出该集合总体或全部元素的性质的推理。例如，“一辆公共汽车比一辆小汽车用油多，所以全部公共汽车的用油比全部小汽车的用油多”。这个句子中，分布地说（即单个地说）小汽车的用油的确不如公共汽车多，但集合起来说，小汽车的用油比公共汽车的用油多，因为小汽车比公共汽车的数量多得多。

又如，“第二次世界大战期间，原子弹比常规炸弹造成的损害大得多”，这指的是分布式单个元素之间的比较，如果集合地考虑这两种炸弹时，事情就相反了，因为第二次世界大战期间所投的常规炸弹的数量比原子弹多得太多了。

著名的囚徒困境也反映了合成谬误。

警方逮捕了甲、乙两名犯罪嫌疑人，但由于没有足够的证据指控他们，警方便分开囚禁犯罪嫌疑人，分别与两人见面，并向双方提供以下相同的选择。

如果一人认罪并作证检举对方，也就是一方背叛，对方保持沉默，那么背叛者则可以即时获释，沉默者将被监禁10年。

如果两人都保持沉默，也就是合作，则两人共同监禁1年。

如果两人互相背叛，则两人同样监禁8年。

从甲的角度来看，如果乙沉默，背叛可以让甲获释，这时甲的最优选择是背叛；如果乙背叛，甲为了得到较低的判刑，最优选择仍然是背叛。两个人面对的情况都是一样的，所以两个人都会选择背叛。

不过，两个人分别选择对自己而言最正确的决定，但当两部分合在一起时便不是最正确的了。

五 分解谬误：从整体进行的分布式断言

分解谬误是对合成谬误的简单颠倒，可分为以下两种情况。

一种情况是如果一个整体具有某种性质，那么它的各部分也都具有这种性质。例如，“这台机器非常沉重，该机器的任何部分都一定是沉重的”。

另一种情况是从元素的集合性质得出元素自身的性质。例如，“因为大学生学习医学、法律、工程、建筑学等学科，所以任何大学生都学习医学、法律、工程、建筑学等学科”。集合地看，大学生这一群体学习这些科目是真的；但分布地看，每名大学生不可能学习所有科目。

我们知道，如果某类事物都具有某种性质，那么其每个成员都具有这种性质。

狗是肉食动物；

阿富汗猎犬都是狗；

所以，阿富汗猎犬都是肉食动物。

这个论证是完全有效的，但如果换成另外一个十分相似的论证就不正确了。

我们经常在街道上遇到狗；

阿富汗猎犬都是狗；

所以，我们经常在街道上遇到阿富汗猎犬。

这个论证就犯了分解谬误。

英国是戏剧大国，从莎士比亚到王尔德，给世人留下了数不清的经典戏剧作品。受这一方面影响，英国的戏剧演员也非常出色，他们大都经过严格的戏剧训练，从知名的戏剧学院毕业。

刘浩德就痴迷于英国戏剧，他曾这样评价："英国戏剧演员的表演比美国的要好，汤姆是一名英国戏剧演员，所以他一定比他的美国同行表演得要好。"

刘浩德的同学反驳道："你这样说不符合逻辑，犯了'分解谬误'的错误。难道一个英国默默无闻的戏剧演员要比美国百老汇的演技担当还要好？"

有的分解谬误是在模仿经典的有效论证。下面看一则有效论证：

人都是要死的，

苏格拉底是人，

所以，苏格拉底是要死的。

分解谬误进行了拙劣模仿：

美国印第安人在消失，

那个人是美国印第安人，

所以，那个人在消失。

有的人可能会混淆合成谬误与以偏概全、分解谬误与过度概括的区别。

在以偏概全中，某人论证说一类的某些成员拥有一种特定性质，因此该类的所有成员分布地来说都有那种性质；而在合成谬误中，则是某人论证说因为该类的每一个成员都有那种性质，所以该类自身集合地说也具有那种性质。这种差别是很大的，在以偏概全中，所有的断言都是分布式的；而在合成谬误中，推论是从分布到集合的断言。

分解谬误和过度概括之间的区别也是类似的。分解谬误指因为该类具有一定的性质，所以它的每个成员也都具有这种性质；而过度概括指某些规则在总体上适用，所以不存在它不适用的特殊情况。

LOGIC

第八章

相干谬误：感情代替不了逻辑

前提与结论必须是相干的，但很多时候论证者有意无意地提出一些表面上看来与结论相干而实际上并不相干的前提。这种前提看似很有说服力，其实已经与逻辑的相干相混淆。相干谬误大多出现在诡辩中。

一 诉诸同情：莫让怜悯之心成为瞒天过海的工具

诉诸同情指在论证某一论题时不通过正面论证，而是利用受众的同情心理，诉说被讨论者的可怜、凄惨的遭遇或境况，从而激起人们的恻隐之心。这种论证几乎毫无理由，完全建立在情感之上，试图以此让别人接受自己的观点。

诉诸同情是一种论证中的逻辑谬误，其论据与结论之间没有逻辑联系，不管结论是真是假，与被讨论者的不幸境况并没有必然的联系，同情心不是支持论断的逻辑理由。

诉诸同情的典型形式为："因为××很可怜，所以××的所作所为并没有错误"，或者"因为××很可怜，所以××的所作所为是情有可原的"。

下面列举几个日常生活中经常遇到的例子。

（1）赵专私刻公章骗取医疗费用被识破后，有人替他求情："小赵家里实在太穷了，这次私刻公章骗取费用实在是事出有因，情有可原，还望不要过于追究。"

（2）员工找人事部门经理请求加薪："经理，这次希望您能给我加薪啊，我家里除了老婆和两个孩子要吃饭外，还有年老体弱的父母需要赡养，这点儿工资实在是太少了……"

诉诸同情作为一种逻辑谬误，指利用某人值得同情的境况来作为论证观点的理由，即以"同情"为重要的论据，如果不是出于这一目的，就不应视为犯有逻辑谬误，要注意这种细微差别。

例如，刘某犯有盗窃罪，他的律师如果举出刘某家中很穷，有父母需要赡养等来为他做无罪辩护，而不是根据事实和法律条文来论证，就犯了"诉诸同情"的谬误；如果律师并未以此来证明刘某无罪，只是借此提醒或恳求法官应该多多考虑被告家庭的实际情况，希望尽量为被告争取到较为宽大的处罚时，就不应视为犯有"诉诸同情"的谬误。

二　诉诸情感：我们的情感就这样被操控

诉诸情感，其实就是诉诸情感容易被操控的人群。这种谬误的前提很明显与结论不相干，是故意用来操纵听者或者读者信念的工具。它之所以为谬误，是因为它使用表达式语言和其他有计划的手段博取情感，激起兴奋、愤怒或憎恨。在这一谬误中，提出合理证据和论证的过程是不存在的。

在朋友圈中，很多人喜欢转发带有“不转就是不爱父母”等文字的文章，例如，“6月17日是父亲节……有孝心的请转发给你的父亲。

从逻辑学角度来说，以上说法简直是强盗逻辑，是在强用概念，想通过情感绑架的方式刺激网友转发文章，达到增加流量的目的。

商业广告中，诉诸情感的运用已经达到出神入化的境界。

商业广告一般与我们渴望的或者惹人喜爱的事物相联系。例如，早餐麦片粥与健美年轻、体魄健壮、精力充沛相联系；威士忌与豪华、成就相联系；啤酒与激情、冒险相联系；汽车与浪漫、富有和超越相联系；等等。在商业广告中，男人一般是英俊而杰出的，女人则是性感与迷人的。哪怕我们想要抵制这种影响，这种影响还是会吸引我们的注意力，甚至渗透到我们的潜意识中。

当商业广告声称购买商品是因为这些商品充满性感，或者畅销，或者与富有、能力相关时，就隐含地断言了这个结论是来自与情感有关的前提，这种断言显然是谬误的。

进行民意调查时，利用众所周知的某些特定词汇的情感影响可以使设计的问题本身就产生想要得到的答案。例如，美国公众对剩余资金用于减税和做新的政府计划持什么态度呢？这就取决于问题的提问方式。

这个问题曾以两种不同的措辞分别呈现给随机抽样的民众。

（1）剩余资金的大部分是用于减税呢？还是用作新的政府计划的资金呢？

（2）剩余资金的大部分是用于减税呢？还是应当花费在教育、环保、打击犯罪和军事防御等新政府计划上呢？

回答第一个问题的民众，60%选择“减税”，而25%选择“新政府计划”；

回答第二个问题的民众，22%选择“减税”，69%选择“新政府计划”。

为什么两种措辞得到的答案大相径庭呢？因为第二种措辞方式中出现了“教育、环保、打击犯罪、军事防御”等人们熟知且深受欢迎的词汇。

诉诸情感所带来的恶劣影响曾被罗素提起，他这样说道：“一个为人们广泛持有的观点，无论如何都不能成为它并非荒谬的证据。实际上，在多数人的愚蠢观念中广为接受的信念，更可能是愚笨多于明智。”

三 诉诸公众：流行的未必就是正确的

诉诸公众指在论证一个观点时，没有提供支持论点的论据以及它们之间的因果关系，而是以该论点得到了多数人的赞同作为论点正确的理由。

大量的事实证明，多数人持有的观点并不一定就是符合科学或者逻辑的。例如，古代的中国人大都相信天圆地方；哥白尼之前，欧洲人都相信地球是宇宙的中心；伽利略做自由落体实验之前，人们都认同亚里士多德的“物体下落的速度和它的重量成正比”的理论。但是，这些曾被大多数人相信或者支持的观点，最后被证明是错误的。因此，公众认为正确的并非一定是正确的。

（1）喝酒的人很多，所以喝酒并不会危害健康。

（2）大家都这样做，所以这样做一定不会错。

（3）法不责众，只要我们都集体参与，就不会犯法。

以上几个例子，都含有诉诸公众的逻辑谬误。

诉诸公众的逻辑表达形式为：所有人或多数人认为命题A为真，所以命题A为真。

其实从严格意义上来讲，诉诸公众并非真正的逻辑推理，它实际上是一种宣传手段。它充分利用了人们的从众心理，即羊群效应。根据心理学理论，多数人认同的观点对自己的判断会产生心理上的从众压力。

人们在使用诉诸公众的手段时，还分为以下两种情形。

情形一：支持观点的人确实占多数。例如，“喝酒的人很多”是实情，但也不能据此得出“喝酒并不会危害健康”的结论。一件事是否对身体有利，要根据其行为频率和事物组成成分等来论证，而不是简单地以接受人的多寡来判断。

情形二：伪造支持者众多的假象。这种情况可以称之为“诉诸伪公众”。有的人为了获得支持或者影响别人同意他的所谓正确观点，注册大量“马甲”账号，花钱购买大量“水军”，在其观点下面一字排开，全是赞赏和崇拜，不明是非的人以为他的观点或者他这个人有多受欢迎似的。

在营销活动中，商家也经常运用这种方式来营造热销氛围。

张辉去重庆出差，由于是第一次去重庆，朋友建议他去磁器口转一转，顺便尝一尝陈麻花。张辉在酒店安顿好，并处理完白天的事情后，便去了磁器口。很快，他就闻到了麻花的香味，循着香味找到了一排店面。那里有两家卖麻花的，一家店的门口的人不多，另一家店的门口却排起了长龙。在张辉看来，排着长队伍的店肯定是正宗的陈麻花。

张辉很兴奋，于是也加入长长的队伍。好不容易轮到他了，麻花却卖完了，张辉只能等下一锅炸熟的麻花。为了能够尝到特色美食，也为了给家里人带一些重庆特产，张辉又等了一段时间，期间百无聊赖，还把排队的场景拍了下来。

当张辉品尝了传说中的陈麻花时，心里顿时断了以后再次购买的想法，因为他感觉口感和口味与其他家的麻花并没有什么不同。最让张辉失望的是，当他把那张照片发给朋友看时，却被告知他买的不是正宗的陈麻花，正宗的就是隔壁那个没人排队购买的店。当地人都是在那家店购买麻花，而排长队的店只是为了吸引不了解陈麻花的游客，老板经常找一些人专门排队。

因此，要想不受诉诸公众谬误的影响，我们应该擦亮自己的眼睛，明辨是非，不能盲目随大流。

四 诉诸无知：它是真的，因为你不能证明它是假的

诉诸无知有两种形式，一是当某件事还未被证明为真时，它便不是真的；二

是当一个假设还没有足够的证据被证实时，另一个假设就是正确的。

甲：那边有一条既看不见也摸不到的龙。

乙：你怎么证明那条龙存在？

甲：你怎么证明那条龙不存在？

乙：我没有办法证明。

甲：既然你没有办法证明，那么那条龙就是存在的。

当我们无法证明一个事物不存在时，不代表它是存在的，也不代表它不存在。生活中这样的例子数不胜数，大多数可以看作一种诡辩。

你不能证明我说的事情是错误的，所以我说的事情是正确的。

你没有证据证明外星人一定存在，所以外星人一定不存在。

在科学发展史上，经常出现诉诸无知的谬误，有些还没有得到证明为真的命题被某些人主张是假的。

伽利略用望远镜看到了月亮上的山脉和山谷，他努力向那个时代的天文学家证实。但那些天文学家给出了一个著名的诉诸无知的论证。他们相信月亮是一个完美的球形，他们这样争论道："虽然我们看到的那些东西好像是山脉和山谷，但月亮实际上仍是一个完美的球形，因为它所有明显不规则的地方一定充满着一种看不见的水晶般的物质，而伽利略并不能证明它是假的。"

值得一提的是，诉诸无知虽然是一种逻辑谬误，但在法律上是一种常用而适当的方法。法律上的"无罪推定"表示，未经依法判决犯罪嫌疑人有罪之前，应假定他无罪。在刑事案件中，辩护律师可以有权合法要求，如果被告除了合理的怀疑以外没有被证明有罪，那么就应该裁决无罪。

不过，这种诉诸无知只适用于刑事案件，在其他情况下这样的诉诸无知就是谬误了。

五 诉诸不当权威：这样的人更没有发言权

很多人喜欢认同权威观点，畏惧并崇拜权威，所以人们在论辩或者说服他人时会引用权威者的话语，这就是诉诸权威。权威虽然有较强的影响力和说服力，但这并不代表他们说的话就一定是正确的。

我们可以尊重权威，但不应盲从，权威人物也会有错误的时候。实践才是检验真理的唯一标准，动辄以权威来压人，或者干脆以权威来替代检验真理的标准，难免会犯下诉诸不当权威的逻辑错误。

现实生活中，人们说话、演讲或者写文章时常常引用名人名言，特别是引用著名政治家、文人、学者及其他各行各业领袖人物的话来支持自己的观点。这些名人拥有较强的影响力和说服力，适当引用他们的话语丰富文章内容，支持论点，还是有一定可取价值的。

但是，如果不注重收集和列举其他事实或普遍规律、规则来作为证据，单纯地依靠权威名人的话语则不可行，因为他们说的话并不一定就代表真理，话语本身可能存在局限性，还应接受逻辑和实践的检验。因此，仅凭权威人士的话语来支撑某个论点或论题，论据会显得单薄、欠缺，论证容易走进预期理由或循环论证的怪圈。

诉诸不当权威实际上是一种滥用权威，必须与适当借用权威加以区别。要想避免滥用权威，必须明白权威具有相对性、多元性和可变性，引用权威时，要特别注意以下几点。

1. 所诉诸的权威必须是论题所在领域的权威

“术业有专攻”“尺有所短，寸有所长”“隔行如隔山”，权威人士一般是在某一领域有着权威的影响力，并不见得对其他领域同样精通。

例如，经济学家对经济方面的问题会有比较精深的见解，人们在论证经济领域的问题时，适当引用他们的观点会增加说服力。如果要论证文学方面的问题，还引用经济学家的话来作为论据，就不是在一个恰当的领域诉诸了真正意义上的权威，所以应当杜绝这种情况的发生。

2. 所诉诸的权威观点不能过时

从时间上来说，权威还具有时效性，有些权威人士的观点由于不适合现在的发展，再搬出来会让人啼笑皆非。

3. 所诉诸的权威观点是否在各个权威者中达成一致

如果只是某一权威个体的意见，或者权威之间对这一问题尚存在较严重的分歧，而某一权威在此问题上还很可能立场偏颇，那么该权威的观点也不宜拿来作为证据。权威可能出错，有偏见的权威更容易出错。

4. 所诉诸的权威观点是否已被证实为误

某权威的观点已被事实、科学或逻辑证明存在谬误，那么这种观点就不宜加以引用。如果执迷不悟地坚持引用，只会被人嘲笑。

六 诉诸人身：你居然对人不对事

诉诸人身指宣称某人有某些个人负面特质，以此表明这个人的主张不可取。诉诸人身的最常见的形式便是人身攻击，人们论辩时不用证据或者事实维护自己的立场，反而对对方进行人身攻击，甚至辱骂对方。

骂人是无理者的道理。

“你那种文章我不看也知道，狗嘴里吐不出象牙。”

“你这种头发长见识短的人有什么资格来批评我的文章？”

“那人是个抢劫犯，你还相信他的话？”

诸如此类，都是犯有人身攻击的逻辑谬误。

一位书法爱好者请一位书法行家推荐几种学习字帖，书法行家热心推荐了几种。当这位书法爱好者得知其中有个《偈语帖》的作者是宋朝的秦桧时，马上说：“秦桧不是害死岳飞的奸相吗？这种卑鄙小人的字有什么值得学习的？”于是看也不看，就将《偈语帖》丢进了废纸桶里。

殊不知，秦桧虽然是奸相，但他的书法有着独到之处。这位书法爱好者因犯诉诸人身的逻辑谬误，白白错过了这个优秀的书法作品。

诉诸人身其实就是“对人不对事”，目的就是转移对方对论证本身的注意力，把原本基于理性的逻辑辩论引向基于感性的人身攻击，从而使对手处于劣势。这种人即使论辩胜利，也会给人留下“扰乱视听”“胡搅蛮缠”的印象，不被人喜欢。

因此，我们提倡“对事不对人”，应该注重反驳他的意见，而不是他这个人。当我们批驳对方的观点时，应该认真分析，用事实和道理来说服对方，让对方心悦诚服。简单粗暴的以势压人和全盘否定对方不仅起不到应有的效果，还会带来不良后果。

一家工厂完成了一个订单，但质检部门认为质量没有达到规定要求，不允许出厂。不管生产部经理如何说好话，质检部经理就是不同意。

生产部经理说：“你们这是不信任我啊，假如产品到了客户那里被投诉，责任由我一个人承担！”

质检部经理生气地说：“如果出了问题，这个责任你负得起吗？你有这么大的能力吗？就算是把你卖了，恐怕也不够赔！”

双方讨论的话题应该是“产品质量是否达到订单标准”，如果产品质量确实没有达到订单要求，质检部不让产品出厂是完全正确的，但后来他们谈论到“信不信任”和“当事人有没有能力”的问题，远离了之前的话题。

严格地讲，如果把对一个人的积极评价直接转移到他的观点上也是一种谬误，这就犯了“因人纳言”谬误。例如，“刘晓关非常聪明”，这句话哪怕是事实，也不能通过逻辑推出刘晓关的任何观点都是正确的。

诉诸人身还有一种表现形式，那就是指责对手实际上也做过他自己反对的事情，这样的论证是无效的。

吴华非常喜欢抽烟，他的父亲总是劝他戒烟，给他说了很多戒烟的理由，如吸烟有害健康、浪费钱财等。吴华最后听烦了，对父亲说道：“您说的我不能接受，您在我这个年纪不也是在吸烟吗？”

这种形式实质上还是在诉诸人身，也属于“对人不对事”的逻辑错误。因为，即使父亲以前曾做过他现在反对的事情——抽烟，也不能驳现在的论据——吸烟有害健康。

我们要做到不对对方的人格妄加评论，不歪曲对方的品行，这样才能最大限度地避免诉诸人身谬误。

七 稻草人谬误：歪曲观点进行攻击

麦田里的稻草人是用来吓跑乌鸦等鸟类的，但是逻辑学上的稻草人是一种非形式谬误，它不能吓跑任何鸟，它唯一的作用是供人发泄怨愤。

稻草人谬误，又称攻击稻草人，指在辩论或讨论中有意或无意地曲解对方的观点，针对曲解后的观点进行攻击，然后宣称已经推翻对方的观点。这一曲解后的观点便是所谓的“稻草人”。

相对而言，“稻草人”是比较容易对付的事物，只是一个替身，不能反抗。稻草人观点是一个被曲解、被断章取义的论点。攻击稻草人观点，不论多么猛烈，被击倒的只是替身，真正想攻击的对象并未受到攻击。

有的稻草人谬误塑造得非常成功，因为对方难以发现问题所在。

教师：主任，学生对我教的这门课程的评价很高，班里的锦旗都快挂不下了。你看我的课时费已经两年不涨了，这次能不能涨点儿啊？

主任：我真是太失望了，没想到你认为挣多少钱比钻研教学更重要。你这么年轻就有这种思想，真是可惜了！

教师：哎呀，我刚才没这么说啊？

主任：那你的意思是说我是个“老糊涂”吗？

为了不涨工资，这位主任刻意捏造了一个稻草人“教师认为挣钱比钻研教学还重要”，以此规避教师的涨薪要求，其实这就是一种诡辩和无赖行为。

稻草人谬误是逻辑诡辩的一种常见方法，但它的影响力实在有限，逻辑能力强的人是不会被牵着鼻子走的。

在一次商业谈判中，甲方代表对乙方代表说：“根据贵公司以往履行合同的情况，有的产品不符合合同规定的要求，我公司为此蒙受了损失，希望以后不要再出现类似的情况。”

乙方代表立刻义正词严地反问：“如果在履行合同中出现不符合要求的产品，按照合同规定可以退回或要求赔偿。不过，贵公司当时既没有要求退回产品，也没有要求赔偿，这是怎么回事呢？”

从甲方代表的提问中可以看出，他并没有想对之前的损失进行索赔，只是以此要求乙方公司不要再出现类似情况。根据这一点我们可以做出判断，甲方代表的责问属于稻草人谬误，他想通过这种“宽宏大量”来达到本次谈判中的讨价还价的目的，乙方代表却通过反问拆穿了对方的诡辩。

增强论辩力的最有效的方法是预测可能的驳论并先发制人。我们在论辩时要紧扣对方的论点，尽最大努力地驳斥对方观点中最为关键的部分，这才是真正的成功的论辩。

八 滑坡论证：这样下去怎么得了

滑坡论证指将某一事件发生之后可能会发生的一连串可怕的后果论证为必然会发生的结果，制造一种危言耸听的效果，促使他人接受自己的论断。这是一种将可能性转化为必然性的逻辑谬误，这种论断并无充分的证据作为支撑。

欧洲有一首《一个马钉亡掉一个帝国》的民谣：

丢失了一个马钉，坏了一只蹄铁；坏了一只蹄铁，折了一匹战马；折了一匹战马，伤了一位骑士；伤了一位骑士，输了一场战斗；输了一场战斗，亡了一个帝国。

这首民谣讲的是，在一场生死存亡的战争中，一位将军因为等不及马夫钉上最后一个马钉，就匆匆地率领军队上了战场，结果一连串的失误导致了全军的溃败和帝国的毁灭。这个故事可以说明细节的重要性，但如果用于论证某一细节决定一切，就犯了“滑坡论证”谬误。

马蹄少钉一个钉子，由小到大，最终导致一场战争的失败，但向下每一步的推演证据并非都是充分的，这需要一定的条件。无条件地依次进行连锁推理，其结论没有必然性。

滑坡论证最典型的一句话便是“这样下去怎么得了？”滑坡论证的威力是巨大的，毕竟很多事情一旦开了口子，确实会发展到不可收拾的地步，所以安全生产要从细微的隐患抓起，例如，防火要从禁止厂房吸烟抓起。所谓“魔鬼藏在细节里”生动地强调了细节的重要性，细节决定成败。

但需要注意的是，事物之间的关系总是复杂而微妙的，现实环境中很少有像物理课本中那样笔直、顺畅、一路到底的“坡”让你从A“滑”到B，滑坡论证固然好用，却往往有不确定性，能否破解是决定辩论胜负的关键因素。

滑坡论证者常常故意使用一长串的连锁推理，由一件很小的事推出耸人听闻的结论。其实在这些推理链条中，很多事情都只是概率较小的可能，而他们将之诡辩成必然性。

环卫工作是最辛苦的工作之一，环卫工人被称为“马路天使”，他们用一把扫帚、一辆手推车行走在城市的各个角落，默默无闻地为城市的清洁做出自己的贡献。可气的是，他们的辛勤劳动却惨遭一些游客或行人的戏谑和刁难：“我们不扔垃圾，你们不就失业了？”

游客或行人的这种戏谑是典型的“滑坡谬误”。他们将很多不同的可能性武断地延伸成为必然，推断出一个毫无关联的结果。他们认为，他们不扔垃圾，道路就会洁净得多，道路一洁净，就不再需要人打扫，不需要人打扫，也就不需要环卫工人，他们也就失业了。

这真是谬论！首先，就算他们不扔垃圾，环卫工人也不会失业的，因为尘土、落叶、风刮来的垃圾、积雪都需要人打扫，路边垃圾桶也需要人清理和维护，垃圾的运送也需要人来做，这些都是环卫工人的日常维护工作内容。

九 红鲱鱼谬误：制造议题，转移对手注意力

红鲱鱼谬误指在论证过程中偏离正题，提出某个次要问题，转移人们对原来问题的注意力，将论证带偏方向，且不再回归原论题。

红鲱鱼是怎么来的呢？反打猎人士为了扰乱猎犬的嗅觉，在猎场中四处放置被烟熏过的鲱鱼。鲱鱼被烟熏过以后会变成红色，气味刺鼻，能够转移猎犬的注意力，使其无法追踪猎物。

诡辩者通常也会采用这一招来浑水摸鱼，转移大家的注意力。

有人整理了网络论战中一系列不着调的争论方式，以“这个鸡蛋真难吃的N种回答”为题进行了总结，其中回复几乎全是红鲱鱼谬误的范例。当你说“这个鸡蛋难吃”时，大致会受到如下质疑：

你这么说是什么居心？

隔壁家鸭蛋更难吃，你怎么不说呢？

比去年的蛋已经进步很多了，你怎么不提呢？

下蛋的是一只勤劳、勇敢、善良、正直的鸡，你怎么好意思这样说呢？

你就是吃这鸡蛋长大的，你有什么资格说它不好吃呢？

有本事你自己下个好吃的蛋啊？

自己家的鸡下的蛋都说不好吃，你还是不是中国人啊？

……

回复是不是很熟悉？只要我们经常上网发表意见，基本会中招，而且被骂之后往往无言以对。这不是因为对方的话无懈可击，而是因为我们和对方说的根本就不相干，想驳斥都不知从哪说起。究其本质，是因为他们已经转移了话题。不管说什么，只要让我们忘记原本说的是这个鸡蛋就达到了他们的目的。

在推理小说中，红鲱鱼通常代表误导读者思路的诱饵——使读者误以为某人是凶手或者某件事是破案的关键线索。

红鲱鱼谬误在危机公关上被运用得炉火纯青。危机公关时，往往制造或者抛

出另外一个不相干的议题，将人们的注意力从原来的议题上转移开。

红鲱鱼谬误在销售过程中运用得也非常多。假如我们是一名销售员，当客户对我们抛出一条“红鲱鱼”时，我们一定要把注意力放在真正重要的、关心的问题上，切忌不要被客户牵着鼻子走。

例如，有的客户可能对最后一批货的无关紧要的小问题大加指责；他甚至会告诉我们，我们的竞争对手从未出现过这类问题，而且他们随时愿意降低价格。

这时我们可能担心，产品可能会被退回，公司还可能永远失去这个客户。这时，对方突然建议：只要我们能在价格上做出微小的让步，他可以不追究此事。这时，我们很有可能陷入对方的红鲱鱼圈套。

有一种与“红鲱鱼”相类似的逻辑谬误，叫作“掷烟幕弹”，它的手段是引入无关细节，把议题弄得非常复杂，使人无法注意应该注意的重点。“掷烟幕弹”与“红鲱鱼”的本质区别是红鲱鱼是引入一个无关议题转移论题，而掷烟幕弹是在同一个议题上制造无关细节，将议题复杂化。

十 虚假二难陷阱：并非只有两种可能

“如果我和你妈同时掉入水里，只能救一个，你会救谁？”

这就是一个典型的虚假二难陷阱。这两种选择看起来是所有可能的选择，其实这些选择并不全面，并非所有可能，也就是没有穷尽所有可能性。

电影中经常出现这样的台词：“你是选择参与，还是选择出卖？”这也是典型的虚假二难，因为明显还有第三种选择，如中立，什么都不做，什么都不参与。

如何破解虚假二难陷阱，其实有一条万能定律：头脑保持清醒，只需问自己一个问题：真的只有这两个选择吗？

在移动互联网时代，全国各地的风俗产生了交流碰撞，网络上出现了不少围绕美食口味展开的论战，如粽子和豆腐脑的“南北甜咸之争”。看了网友们的争论后我们才发现，东西南北风俗的差异竟然这么大。

北方省份大多吃咸豆腐脑，吃甜粽子；而南方省份则相反，他们喜欢吃甜豆腐脑，吃咸香味的肉粽子。

其实，“甜咸之争”就构成了一个看似“非此即彼”的虚假二难陷阱。事实上，豆腐脑除了有咸味和甜味两种口味外，还有一种麻辣豆腐脑，是四川和重庆等地区的特色，四川和重庆也属于南方的范畴。因此，“甜咸之争”本来就不符合“二难推理”的条件。

生活中，很多人把“虚假二难陷阱”作为一种强有力的诡辩工具，从而使对方逃不出他的结论，进退维谷。面对这种情况，我们可以采用二难引申法，将对方二难推理中的两个条件命题的后件互换位置，然后分别否定。

有一位客人住进某旅馆，旅馆的设施看上去还可以。然而，晚上突降大雨，客人发现卫生间漏水特别厉害，严重影响自己使用。于是，他打电话给经理，要求经理迅速派人维修。

经理在电话中回答：“对不起，先生。现在下雨，我们无法修理；天晴后，就又不需要修理了。天气不是下雨就是天晴，所以不是无法修理，就是不需要修理。”

客人非常生气，但头脑清晰，他当即针锋相对地反驳道：“经理，你说得不对。现在天下雨，就有修理的必要；如果天晴了，就有修理的可能。天气要么下雨，要么天晴，所以要么有修理的必要，要么有修理的可能。”

这位客人非常聪明，他将经理二难推理中的两个条件命题互换位置，加以否定以后，得出了与其完全相反的结论，有力地驳斥了经理的谬论。

十一　错置举证责任：谁说是，就由谁来证明

刘浩：你用红酒揉搓头发，你花白的头发就会重新变得乌黑发亮。

张贤：别瞎说！

刘浩：瞎说？你怎么知道这个办法不灵？

刘浩的问题很奇怪，直接难住了张贤。因为张贤确实不知道这个办法灵不灵，当然也就无法肯定它不灵了。

其实，刘浩的问题犯了“错置举证责任”的谬误。不恰当地把举证责任分配给争议的另一方，就是错置举证责任。本来应该由对方证明其断言的正确性，人们往往在不经意间就被误导了，以为自己必须要证明对方的断言是错误的。

为什么举证责任要置于争议的一方而不是另一方，这有什么合理的依据吗？依据主要有以下三点。

1. 初信度

一般而言，我们在面对一个断言时，要首先赋予它一个特定的初信度，判断它是否可信，这取决于断言与那些大量已被证实的信息有多大的一致性。断言的初信度越低，提出该断言的人就应该负有更大的举证责任。不过，这个规则比较粗略，无法精确地加以运用，然而可以防止某些断言蒙混过关。

2. 肯定或否定

其他条件一致时，举证责任置于对问题肯定的一方，而不是否定的一方。也就是说，在要求对方提供“为什么不一定是这样”的理由前，一般要先证明“为什么会这样”。

刘浩：这辆车启动不了。

张贤：我知道是怎么回事，点火装置出问题了。

刘浩：你为什么这样想？

张贤：我为什么不这样想呢？

张贤的最后一句话犯了“错置举证责任”的谬误。

这一规则同样适用于“存在”和“不存在”的争论中。举证责任应该落在持有“存在”观点的一方，而不是持有“不存在”观点的一方。

刘浩：你说宇宙中有外星人吗？

张贤：宇宙中当然没有外星人了！

刘浩：那你能证明没有外星人吗？

张贤：不能。

刘浩：这不就证明宇宙中有外星人吗？

刘浩之所以认为宇宙中有外星人，就是因为没有人能证明宇宙中没有外星人，这便是错置举证责任，他错误地把举证责任推给那些不相信宇宙中有外星人的人。

3. 特定情境

有时候，我们也会把举证责任分配给特定的一方，这在法律上尤其常见。分配举证责任是对利益的一次重新调整安排。

例如，某个合同规定："默认你在每月10号之前收到相关信息，除非你能证明并非如此。"该合同必须将制约特定情境的规则写清楚，而且经由双方当事人接受约定的束缚。

举证责任的分配关涉利益，当事人必然要考虑风险问题。风险的大小不同，举证责任自然也会随之不同。高风险是一种特定情境，也就是说，如果一个人所倡导的方案一旦出错，就会造成危险或者付出重大代价，那么合理的做法就是让此人承担严格的举证责任。

十二 赌徒谬误，心存侥幸可能会有惨重损失

赌徒谬误是一种比较常见的不合逻辑的推理方式，它认为一系列事件的结果都在某种程度上隐含了相关的关系。假如事件A的结果影响到事件B，则B依赖于A；随机序列中一个事件发生的概率跟之前发生的事件有关。

股票市场上的投资者容易陷入赌徒谬误，连续几个跌停板之后，很多投资者觉得不会再跌了，市场有望反弹。而且，期货市场的老手更容易陷入赌徒谬误，因为他们感觉自己具有大量的经验，知道市场一般在几个跌停之后会出现反弹，

尽管这种情况并不是每一次都出现。其实，下次出现“涨”和“跌”的概率是一样的，这些投资者的经验在这里根本没有作用，而依靠经验在此时买进，很有可能会赔得血本无归。

某位专家曾经做过一个关于“赌徒谬误”的心理实验，结果发现，在中国资本市场上，具有较高教育程度的个人投资者或者潜在个人投资者中，“赌徒谬误”效应大量存在。不管股价是持续上涨还是持续下跌，投资者都相信价格走向会发生逆转。

研究人员曾经做过一个实验，实验对象是285名具有高学历、来自不同行业的在职人员，从业经验从4年到20年不等。实验以问卷调查的形式进行。

实验中，假设给每个人5万元投资股市，理财顾问给他们推荐了基本情况十分相似的两只股票，唯一的差别是一只股票是连续上涨的，而另一只股票是连续下跌的。连续上涨或者下跌的时间段有四个，分别为3个月、6个月、9个月和12个月。每位投资者给定一个时间段，首先表明自己的购买意愿，在“确定购买连涨股票”“倾向购买连涨股票”“无差别”“倾向买进连跌股票”“确定买进连跌股票”5个选项之间做出选择，然后观察他们在各种涨落之间买进卖出的情况。

实验结果表明：在持续上涨的前提下，上涨时间越长，投资者买进的可能性越小，而卖出的可能性越大，因为投资者预测下一期继续上升的可能性呈总体下降的趋势，认为会下跌的可能性总体呈上升趋势；反之，在连续下跌的前提下，下跌的时间越长，买进的可能性越大，而卖出的可能性越小，投资者预测下一期继续下跌的可能性呈下降趋势，而预测上涨的可能性总体呈上升趋势。可见，随着时间长度的增加，投资者的“赌徒谬误”效应越来越明显。

LOGIC

第九章

演绎推理：抽丝剥茧，破解难题

演绎推理是一种常见的推理形式，它是从一般性的前提出发，通过推导得出结论的过程。演绎推理的逻辑形式对人的思维有着重要作用。演绎推理主要有直接推理、假言推理、选言推理、关系推理、三段论等。

一 战争史上的演绎推理

在战争史上曾经出现过一只影响战局的波斯猫。第一次世界大战期间，德法交战，德军参谋使用望远镜观察法军阵地时，发现法军阵地的某个固定位置经常出现一只波斯猫。这位参谋根据经验推测，这只猫不是一只普通的波斯猫，是名贵的品种，所以不会是普通士兵饲养的波斯猫。因此，他认为这里一定是某个指挥官的指挥部。

他立刻将这一结论报告上级，德军因此调动了三个团的炮火对波斯猫出现的区域进行地毯式轰炸。结果，一只波斯猫害得法军指挥部被夷为平地。

这个案例中的德军参谋具有明察秋毫的逻辑推理能力，通过一个不起眼的细节就推断出了非常关键的信息。

德军参谋的推断过程是这样的：

士兵打仗时是不会养猫的；

战场上出现一只猫；

所以，这不是士兵的猫。

再根据选言推理得出：

这只猫或者是士兵的，或者是指挥部的；

这只猫不是士兵的；

所以，这只猫是指挥部的。

再根据这只猫出现的位置非常固定，参谋由此得出：指挥部就在这一区域。

第二次世界大战期间，德军指挥部周密策划，企图对苏联军队的阵地实施突然袭击，遂派遣一支先遣部队悄悄潜伏到苏军阵地前的一片灌木丛中。不过，德军的这次秘密行动被苏军侦察员识破了。

一位苏军侦察员在侦察前沿阵地时发现阵地前一棵小树的弯曲方向竟然与风向相反。侦察员判断这里面一定有问题。于是，侦察员向上级报告，苏军立刻动用炮兵进行袭击。在苏军猛烈的炮火下，德军损失惨重，整个袭击计划全部落空。

德军失败的原因是一个士兵不慎将武器挂在树上，造成树枝与风向反方向弯曲。苏军侦察员在发现这一现象时，敏锐地觉察到其中暗藏的危险，及时上报，从而使部队脱离危险。

苏军侦察员的推理过程是这样的：

起风时，树枝的弯曲方向与风向相同才是正常的；

前沿阵地上有一棵小树的树枝弯曲方向与风向不符；

所以，前沿阵地的情况是不正常的。

二 年轻人与邻居的金钱纠纷

从前，有一个年轻人住在一个安静的小院里。他和邻居平时关系很好，经常下棋聊天。有一天，他要出远门，不想带太多的钱，安全起见，他就把自己的钱寄存在邻居那里。邻居保证，等他回来时钱一分不少地归还给他。

年轻人出门归来，去找邻居要回这笔钱。谁知道邻居不承认年轻人将钱放在他那儿。

年轻人很生气，告到法院。法官受理了这个案子，派人给邻居发了传票。

开庭之日，法官问邻居究竟拿过钱没有。邻居连哭带闹，矢口否认。

法官问年轻人："你说他拿了你的钱，有没有人证？"

年轻人说："走的时候太匆忙，又非常信任邻居，所以没有其他人在场。"

法官又问："你在哪里把钱交给他的？"

年轻人说："在他家附近的一棵大树下。"

法官说："那就好办了，你现在就到大树那里去，就说我传它到法庭问话。"

年轻人发愁，对法官说："大树哪里听得懂人话？我怎么叫得动它？"

但是法官仍然催促他去给大树传话，年轻人只好和工作人员一起带着传票朝大树走去。

法官和邻居在法庭等了大约半个小时，法官问道："他们走到大树跟前了吗？"邻居回答说："还没到呢！"又过了一个小时，法官又问："他们应该在回来的路上了吧？”邻居说：“应该往回走了。”

过了一会儿，年轻人终于回来了，他愁眉苦脸地说：“法官，大树不跟我来啊，我就算拿着传票吓唬它也无济于事，有工作人员可以作证。”

法官笑着说：“诚实的年轻人，你不用着急，现在我可以判决了，你告的这个人不诚实，他一定要还钱给你的。”

这个法官为什么说邻居不诚实呢？实际上，他是运用充分条件假言推理的否定后件式推出来的结论。

小伙子说在一棵大树下把钱交给邻居，假设这句话是假的，邻居就不应该知道什么地方会有这样的一棵大树。因此，当法官问“他们走到大树跟前了吗”和“他们应该在回来的路上了吧”等问题时，邻居应该说“不知道”。但是，通过邻居的回答可推知邻居知道这棵大树在哪里，因此推出年轻人说的是真话，邻居是不诚实的。

三 我到哪里去了

古代有一个衙役，呆头呆脑，没什么才干，再加上年纪越来越大，记性也变得不好，常常丢三落四。尽管他办事还算认真，但是仍然把县衙老爷吩咐的任务办得一塌糊涂。

有一次，一个犯了重罪的和尚要被押送到边疆，因为衙门里实在腾不出人手，县衙老爷只好吩咐这位衙役去押送和尚。临行前，县衙老爷对他强调：“这个和尚可是犯了重罪的要犯，要发配边疆，永远不能返回原籍。你这一次一定要把他押送到目的地，一路要小心，不能让他在半路上逃跑了。如果他逃跑了，你不仅做不成衙役，说不定还要去坐牢！”

呆衙役拍着胸脯保证：“请大老爷放心，我自有锦囊妙计看牢他！”

这位呆衙役有什么锦囊妙计呢？原来他把上路随身带的东西和人都编成了顺口溜。一路上他一直在嘴里嘟嘟囔囔念个不停，心想，“这样一来所有东西就都不会忘记，也就不会丢失了。”

和尚在路上听到这位衙役一直念个不停，开始以为他要皈依佛门，正在口诵佛经，后来仔细一听才发现，衙役念的是“雨伞、包裹、和尚、我”。和尚心想：“这个人真是个呆子！”他暗自得意，盘算着逃跑计划。

走了一天路，天慢慢黑了下来。这位衙役带着和尚到一家客栈歇脚。和尚主动掏出几两银子，说：“我请客。”和尚让店家准备了一些酒肉。当衙役看到一大桌酒肉时，早已经等不及了，虽然嘴里说着“惭愧，惭愧”，但已经动起了筷子。大吃大喝到夜半时分，衙役被和尚灌得烂醉如泥，倒头呼呼大睡。

和尚看到时机来了，马上从衙役身上找到钥匙，解开枷锁，并取出快刀，把衙役的头发剃得精光，又把枷锁套在衙役的脖子上，然后迅速逃离。

衙役直到第二天日上三竿时才醒来，他迷迷糊糊地记得自己身边的东西，于是慌忙摸索，找到了雨伞和包裹，但发现和尚不见了。他急得满头大汗，头也耷拉下来，突然他发现自己脖子上套着枷锁：“这不是和尚的东西吗？”他伸手摸了摸自己那光溜溜的头，立刻喜上眉梢：“太好了，原来和尚还在这里！”

他高兴地在屋子里转来转去，然后突然停了下来：“那就怪了，和尚还在这里，那我去了哪里呢？”

古代“剃发为僧”，所以“所有的和尚都是剃光头的”这个判断是正确的，但“所有剃光头的都是和尚”这个判断就不正确，因为这两个判断反映对象的范围改变了。

“所有的和尚都是剃光头的”属于SAP，换位后得出“所有剃光头的都是和尚”（PAS），违背了“如果在前提中不周延的词项，在结论中也不得周延”这一规则，导致出现逻辑错误，正确的应该是“有些剃光头的是和尚”。

四 律师的无罪辩护

一个名叫小阿姆斯特朗的人被指控犯有谋财害命罪。法庭上，一位叫福尔逊的证人作证说："我在10月18日晚上目睹被告用枪打死了被害者。"

犯罪嫌疑人的辩护律师辩护前曾认真地查看卷宗，找到了很多破绽。于是，律师就此展开对犯罪嫌疑人的无罪辩护。

律师："你可以肯定在那天晚上看清楚被告了吗？"

福尔逊："是的，我肯定。"

律师："根据卷宗上的描述，你当时是在草堆后面，而被告是在大树下面，你们之间的距离有20～30米，你能看清楚吗？"

福尔逊："当时有月亮，外面很亮，我看得很清楚。"

律师："你确定不是看到被告的衣服就断定是他了？"

福尔逊："不是的，我看清了他的脸，因为当时月光正好照在他的脸上。"

律师："你是在晚上几点的时候看到的？"

福尔逊："11点15分。"

律师："那好，我知道了。下面我不得不告诉大家，这个证人是个骗子！他说他在10月18日晚上11点钟看清了被告的脸，但根据常识我们应该知道10月18日是上弦月，晚上11点还会有月光吗？可能他会说过了一段时间了自己也记不清具体时间了，那我们把时间往前推，早点儿的话，月亮还没下山，月光应该从西向东照，而草堆在东，大树在西，被告的脸如果面对草堆，月光就只能照到他的后脑勺，无法照到脸上，证人又怎么可能在那么远的距离看清被告的脸呢？如果被告脸朝西，月光确实可以照到他的脸上，但证人说被告在大树下面而自己在草堆后面，因此证人是无法看到被告的脸的。"

律师的辩护洗清了小阿姆斯特朗的嫌疑，他被无罪释放，律师也因为这个案子声名鹊起。

律师通过必要条件假言推理和二难推理反驳了证人的伪证言。

首先，律师运用必要条件假言推理的否定前件式证明证人的证词不成立：

只有在月光的照射下，证人才能看清被告的脸；

10月18日晚上11点钟没有月光；

所以，证人不能看清被告的脸。

然后，律师用二难推理的方法证明，即使当天晚上有月光，证人也无法看清被告的脸。

若被告的脸朝西，月光可以照在脸上，但证人在草堆后面，无法看到被告的脸；

若被告的脸朝东，月光只能照到被告的后脑勺，证人还是无法看清被告的脸；

所以，不管被告的脸朝东还是朝西，证人都不能看到被告的脸。

五 一切圆的都是鸡蛋

有一则《狗与海螺》的寓言故事。

有一只狗非常喜欢吃鸡蛋，每天它都会美美地吃上一个鸡蛋。久而久之，它发现“一切鸡蛋都是圆的”。

有一天，它正在四处寻找鸡蛋，突然看见了一个圆圆的海螺。于是，它不管三七二十一，认定了眼前这个圆圆的海螺就是鸡蛋，心里特别高兴，张大了嘴一口就把海螺吞了下去。

它高兴极了，摸摸自己的肚皮，大摇大摆地走回了家。可回到家后，它却觉得肚里沉重，腹痛难忍，很是痛苦。狗叹了口气，说：“唉，我真是笨，相信一切圆的都是鸡蛋！”

寓言故事中的这只狗犯了什么逻辑错误呢？

本来它推断出的结论“一切鸡蛋都是圆的”看起来并没有什么问题，但它错误地运用换位法进行直接推理得出“一切圆的都是鸡蛋”这一结论。

运用直接推理的换位法进行换位时，应该严格遵守换位法的规则，不能简单地换成“一切圆的都是鸡蛋”，应该在谓项前面加上限制词“有的”，即“有的圆的是鸡蛋”，这样的说法才是正确的。

六 狩猎小组缘何在原始森林失踪

一群人分成几个小组去原始森林打猎。每个小组都有一部步话机，便于遇到险情时向在这个地区上空徘徊的直升机求救。

打猎活动结束后，大部分打猎人员回来了，但有个小组失踪了。通过仔细寻找，在一个山谷里找到了失踪人员的尸体。

这些人是怎么遇难的？为什么他们没有得到救援？如果我们是活动的组织者，就不得不考虑这些问题。难道他们不知道怎样使用步话机吗？还是他们过于惊慌忘记使用步话机？还是负责接收步话机信号的直升机驾驶员玩忽职守？又或者步话机的信号被山体隔断了？总之，在没有进一步调查以前，这些可能都是存在的。

为了解决这个问题，我们可以提出以下四个问题来了解更多的信息：

（1）这些人的最后目击者是谁？目击者是在什么时间、什么地点看到他们的？

（2）直升机是否收到了这些人的求救信号？

（3）这个事件到底是救护计划的失策，还是其他方面的失策？有没有其他方面的过失？

（4）这次救护计划的失策和过去有没有类似之处？

不久，我们便得到了这些问题的答案。

（1）目击者看到他们徒步翻越一个小山头，朝山谷走去。这座山谷正是发现尸体的那个山谷。

（2）经过查询发现，直升机并没有收到这个小组的呼救信号。在离尸体不远的地方，有人发现了步话机的残损部件。

（3）除了这个小组以外，还有一个小组也被困过，只不过是在一个小土丘上，他们用步话机向直升机呼救，结果他们得救了。

（4）山谷曾经发生过一场森林火灾，有一队消防员牺牲。当时的直升机驾驶员报告说没有收到消防员的呼救信号，最后消防员的尸体是在两座山丘间的一条干涸小溪中发现的。

通过上面的这些材料，我们可以推断出这些人遇难的原因。遇难的最大可能性是“步话机的信号被山体隔断了”，因而直升机没能接收到步话机的求救信号，这个结论与从各方面所掌握到的资料相符。

七 葬礼上的一见钟情

一对姐妹和母亲一起生活。有一天，母亲过世，姐妹俩为母亲办葬礼。妹妹在葬礼上突然看到一名非常英俊的男子，她对男子一见钟情。可是，由于忙着操办葬礼，她没有时间和那名男子说话，更没有留下联系方式。

葬礼过后，妹妹对那名男子痴迷到了茶饭不思的地步。有一天，她悄悄地将姐姐杀死了。

那么，为什么妹妹要杀死姐姐呢？

答案是：妹妹为了再一次见到那名男子，打算再办一次葬礼，所以杀死了姐姐。

这道题虽然是犯罪心理测试题，但其中也涉及逻辑思维，只不过这个妹妹的逻辑思维出现了严重扭曲。下面来分析一下：

妹妹在葬礼上见到一名令她倾心的男子，她想再次见到他。为此，她运用了必要条件假言推理的肯定后件式。

如果有葬礼，那名男子就会出现；

我想见到那名男子；

所以，必须有一次葬礼。

妹妹的逻辑出现严重错误，因为按照她的思路“我想见到那名男子”（那名男子出现）是“如果有葬礼，那名男子就会出现”的后件，这是不符合逻辑规则的。当然，就算是符合逻辑规则，由于大前提“如果有葬礼，那名男子就会出现”本身就是错误的，这不过是妹妹一厢情愿地根据“一次葬礼那名男子出现”错误地归纳出结论——“每次葬礼那名男子都会出现”。

八 被调换的金子

唐朝有这样一个案件。

一天，一个农夫从地里挖出了一大瓮马蹄形的金块，交给了县令。县令担心金子丢失，就把它藏在家中。但是，第二天他打开瓮一看，发现里边的金子都成了马蹄形的土块。

这件事很快便传开了，人们纷纷猜测事情的缘由。由于县令把金子藏在自己家中，百口莫辩，只好承认自己偷换了金子。不过，虽然他承认自己偷了金子，但如此巨额的金子他也拿不出来。此案一时成为悬案。

朝廷派了一个叫袁滋的官员来查这件事。袁滋打开大瓮，只见里面有250多块的马蹄形土块。他就到市面上找了许多金子，熔铸成与瓮中的马蹄形土块形状大小相当、数量相同的金块。

他将铸好的金子用秤称，仅仅称了一半，就有300斤重。袁滋又问当初这瓮是几个人抬来的，有人告诉他是两个农民用竹扁担抬来的。袁滋计算了一下金块的重量，发现绝对不是两个农民用竹扁担就能抬得动的。于是，袁滋得出结论：金子在交给县令之前就已经被换成土块了，县令是冤枉的。

袁滋通过假言推理得出结论。袁滋进行了试验，发现金块的重量在600斤左右。根据常识判断，两个人是不可能抬得动600斤重的东西。经过调查他又得知，金块是由两个农民用竹扁担挑来的。袁滋的假言推理过程如下：

如果当天抬来的瓮中装的是金块，两个人不可能抬得动；

当天两个农民抬得动；

所以，罐子里装的不是金块。

这是假言推理的否定后件式。

九 不得不受罚的餐馆

两名大学生在一家个体餐馆吃饭，看到菜单上写着“熊掌——30元”，感到好奇和新鲜的他们便点了两盘熊掌，又点了一些其他食品。然而，账单把他们吓了一跳：他们总共消费6045元！

服务员看他们如此惊讶，便说道：“熊掌每盘3000元，你看菜单。”

他们俩赶紧翻开菜单查看，果然是3000元，只是后面两个零小一些，前面30大一些，冷不丁一看就好像是30元，而中间又没小数点。没办法，他们只能忍气吞声，向别人借了点钱，凑齐6045元，交给了餐馆老板。

他们认识的某位律师得知此事后，决定为他们讨回公道。他让这两名大学生到餐馆向老板索取当时吃饭的发票，然后拿着发票来到工商局，又与工商局的同志一起来到餐馆，工商局的工作人员对老板说：“有人举报你出售熊掌，违反了《中华人民共和国野生动物保护法》，必须处以罚款。”

老板想抵赖，但有刚开出的发票为证，老板只好承认：“我们这里根本就没什么熊掌，都是用牛蹄筋冒充的。”

“既然你用牛蹄筋冒充熊掌，涉嫌欺诈顾客，也应当罚款，同时将顾客的钱退回。”

最后，老板只得乖乖地受罚。

律师运用了二难推理，使老板乖乖就范。

在这个案例中，工商局的工作人员首先搬出的是《中华人民共和国野生动物保护法》，因为该餐馆涉嫌出售熊掌，应该被罚款；当老板想要以熊掌是假的为理由逃脱该处罚时，工商局的工作人员又提出其涉嫌欺诈顾客，应该被罚款。

该二难推理的形式如下：

如果你卖的是熊掌，那么根据《中华人民共和国野生动物保护法》应该交罚款；

如果你卖的不是熊掌，那么根据《中华人民共和国消费者权益保护法》应该交罚款；

你卖的或者是熊掌，或者不是熊掌；

所以，你必须交罚款。

十 福尔摩斯的演绎推理

福尔摩斯是世界闻名的大侦探，他第一次出场是在小说《血字的研究》中。福尔摩斯出场不久便运用精确的推理判断出了罪犯的基本特征。

我们且看原文：

“这是一件谋杀案，凶手是个男人，他六尺多高，正当中年，穿着一双粗皮方头靴子，抽的是印度雪茄烟。”

雷斯垂德问道：“如果这个人是被杀死的，那么又是怎样被谋杀的呢?”

“毒死的。”福尔摩斯简单地说。

华生（原文中是第一人称“我”）说：“福尔摩斯，你真叫我莫名其妙。刚才你说的那些细节，你自己也不见得像你假装的那样有把握吧？”

“我的话绝对没错。”

“其中一个人的身高你又是怎样知道的呢？”

“一个人的身高，十有八九可以从他步伐的长度上知道。我是在黏土地上和屋内的尘土上量出那个人步伐的距离的，接着我又发现了一个验算我的计算结果是否正确的办法。大凡人在墙壁上写字的时候，很自然会写在和视线相平行的地方，现在墙壁上的字迹离地刚好六尺。”

“至于他的年龄呢？”我又问道。

“好的，假若一个人能够不费力地一步跨过四尺半，他绝不会是一个老头子。小花园里的通道上就有那样宽的一个水洼，他分明是一步迈过去的，而漆皮靴子是绕着走的，方头靴子是从上面迈过去的。”

“手指甲和印度雪茄烟呢？”我又提醒他说。

“墙上的字是一个人用食指蘸着血写的。我用放大镜看出写字时有些墙粉被刮了下来。如果这个人指甲修剪过，绝不会是这样的。我还从地板上收集到一些散落的烟灰，它的颜色很深，而且是呈片状的，只有印度雪茄的烟灰才是这样的。”

福尔摩斯经过推理分析，大致描绘了凶手的特征：六尺多高、中年人、手指甲未修剪、抽印度雪茄烟。这些结论是福尔摩斯通过演绎推理得出的，其推理过程如下所述。

（1）推断凶手的身高。

“大凡人在墙壁上写字的时候，很自然会写在和视线相平行的地方，现在墙壁上的字迹离地刚好六尺。”

此处用三段论推断：

大凡人在墙壁上写字时，都写在与自己视线相平行的地方；

凶手在墙壁上写了字；

所以，凶手写字的位置大致与他的视线平行。

（2）推断凶手的年龄。

“好的，假若一个人能够不费力地一步跨过四尺半，他决不会是一个老头子。”

此处运用充分条件假言推理推断的肯定前件式：

假如一个人不费力地一步跨过四尺半，他决不会是一个老头子；

凶手不费力地一步跨过了四尺半（水洼）；

所以，凶手不是一个老头子。

（3）推断凶手的生活习惯。

“墙上的字是一个人用食指蘸着血写的。我用放大镜看出，写字时有些墙粉被刮了下来。如果这个人指甲修剪过，绝不会是这样的。”

此处运用充分条件假言推理的否定后件式推断：

如果一个人的手指甲修剪过，那么在墙上写字就不会刮下墙粉；

凶手用手指在墙上写字时刮下了墙粉；

所以，凶手的手指甲没有修剪。

“我还从地板上收集到一些散落的烟灰，它的颜色很深而且是呈片状的，只有印度雪茄的烟灰才是这样的。”

此处运用必要条件假言推理的肯定后件式推断：

只有印度雪茄烟的烟灰，才是颜色很深而且呈片状的；

这地板上的烟灰颜色很深而且呈片状；

所以，这地板上的烟灰是印度雪茄烟的烟灰。

十一 酋长遇刺案

某酋长到某西方国家首都进行国事访问。上午将近十点的时候，酋长乘坐敞篷汽车驶近银行大厦时，突然遇刺。有人暗中朝酋长连射5枪。酋长当即身亡。根据观察，子弹是从银行大厦三楼射出的。

案发后，警方很快展开调查，不久便抓住了一位名叫冯特的犯罪嫌疑人。警方很肯定冯特就是凶手。

抓捕冯特的时候，冯特大叫道：“你们为什么要抓我？”

“因为你刺杀酋长！”

“你们有什么证据？”

“证据？我先问你，这天上午九点半到十点，你在哪里？”

“我在银行大厦三楼。”

“这就对了。只有酋长被刺的时刻在银行大厦三楼的人才是凶手，你还说你不是凶手？”

冯特着急地说道：“那个时候可不只我一个人在银行大厦三楼啊！”

警方说：“不要着急。我问你，你是不是有一支65毫米的意大利卡宾枪？”

冯特犹豫地说道：“这……”

警方说：“你就不要隐瞒了，你是化名‘南希’在3个月前买的，对吧？”

冯特支支吾吾地说：“有枪怎么了？”

警方说：“有枪就证明你是凶手。你想想，如果是凶手，就会有一支65毫米的意大利卡宾枪，而你有一支这样的枪，毫无疑问，你就是凶手了。”

冯特惊叫：“你说什么？难道有枪的人就是凶手？”

警方说：“你先不要叫，我们还有一个更重要的理由。经过我们调查，你是一个特等优秀射手。只有一名特等优秀射手，才能在10秒钟连射5枪。别人是做不到的，只有你可以做到，你还有什么可以狡辩的？”

冯特气愤地说道：“你们冤枉好人！我要请律师！”

冯特请了自己的律师。在法庭上，冯特的律师把警方的指控从逻辑上一一驳倒了。

警方没有遵守必要条件假言推理和充分条件假言推理的规则，分别犯了肯定前件和肯定后件的逻辑错误。

警方的第一个指控是：

只有酋长被刺的时刻在银行大厦三楼的人才是凶手；

冯特是当时在银行大厦三楼的人；

所以，冯特是凶手。

这是必要条件假言推理的肯定前件式。根据规则，必要条件假言推理不能从肯定前件推出肯定后件，所以这个推理是不能成立的。

警方的第二个指控是：

如果是凶手，就会有一支65毫米的意大利卡宾枪；

冯特有一支65毫米的意大利卡宾枪；

所以，冯特是凶手。

这是充分条件假言推理的肯定后件式。根据规则，充分条件假言推理不能从肯定后件推出肯定前件，所以这个推理是无效的。

警方的第三个指控是：

只有特等优秀射手，才能在10秒钟内连射5枪；

冯特是特等优秀射手；

所以，冯特能在10秒内连射5枪。

这也是必要条件假言推理的肯定前件式，也是无效的推理。

自以为聪明的警方，没想到在逻辑上出尽了洋相。

十二 到底是谁的儿子

北魏宣武帝时期，安徽省寿县的乡民苟泰在兵荒马乱中不小心丢失了自己的孩子，几年不知下落，夫妻二人整天忧心忡忡。

一次偶然的机会，苟泰到集市上买东西时，发现儿子在同县人赵奉伯的家中，便告到官府，希望官府把儿子判回给自己。

在县令的审问中，苟赵两人都坚持说儿子是自己的，并且都找来乡邻作证。县令不知道怎么办，只好上报。

当时的扬州刺史李崇听说以后，轻松地说："这事好办。"于是，让苟赵两家与孩子分居，不许来往。

几天以后，李崇派人告诉两家说孩子得了重病，医治无效死去了，让他们两家前去看望，料理后事。

听了这话，苟泰哭天喊地，无法自持，而赵奉伯只是叹了一口气。

李崇得知两家的反应，立刻将孩子判还苟泰，并且追查赵奉伯骗取他人儿子的罪责。赵奉伯不得不供认："我的亲生儿子很早就过世了，为了老有所依，所以才冒认了他人的儿子。”

李崇在断案的过程中，运用了充分条件假言推理。李崇在断案中认为，“如果是亲生父亲，那么得知儿子病亡的消息一定非常悲痛；如果不是亲生父亲，那么得知儿子病亡的消息一定不会太悲痛”。

李崇的推理过程是充分条件假言推理的否定后件式：如果是亲生父亲，那么得知儿子病亡的消息一定非常悲痛；赵奉伯在得知儿子病亡的消息后只是叹了一口气，并不太悲痛；所以这个孩子并不是赵奉伯的儿子。

实践证明，这个充分条件假言推理是正确的。

十三 威尼斯商人

莎士比亚著名喜剧《威尼斯商人》中有这样一个情节：

威尼斯的青年商人安东尼奥为了帮助他的好友巴萨尼奥向贵族小姐鲍细娅求婚，到威尼斯城的高利贷者夏洛克那里借钱。借钱的契约中约定：“到期不还，割身上的肉一磅。”

结果，由于意外事故，安东尼奥未能按期还钱。于是，夏洛克到法院要求按照契约中的约定，从安东尼奥身上割一磅肉。

鲍细娅得知这一消息后，设法以一个来自罗马的法学博士的身份，女扮男装，前来审理这个案件。

鲍细娅：“那商人身上的一磅肉是你的，法庭判给你，法律许可你。”

夏洛克：“博学多才的法官，判得好！来，预备割肉。”

鲍细娅：“且慢，我的话还没说完。这个契约并没有允许你取他一滴血，只是写明‘一磅肉’，所以你可以按照契约割下一磅肉，可是在割肉时要是流出一滴血，或者割下的肉多于或少于一磅，按照威尼斯的法律，你的土地财产就要全部充公……”

夏洛克：“……我不打这场官司了。”

在这个案例中，聪明机智的鲍细娅把夏洛克一步步引入困境，靠的就是逻辑学上的二难推理。

夏洛克割肉流血，就会违约犯罪而受到惩罚。

夏洛克割肉多于或少于一磅，也会违约犯罪而受到惩罚。

总之，或者割肉流血，或者是割肉多于或少于一磅，都会违约犯罪而受到惩罚。

夏洛克权衡了个人的利害得失，与其自己的全部财产都被充公，还不如放弃割肉来得合算，因而撤诉。

十四 内盗，还是外盗

某银行的金库被盗，损失款项50万元。根据现场勘查和调查材料分析，犯罪分子是在夜里10点以后进入营业室作案的。犯罪分子用事先配好的钥匙打开账库和金库的门，拿走钱以后又把门关好，原路溜出营业室。

犯罪分子不但有接触账库和金库的条件，熟悉这里的情况，而且了解银行从分理处提款和发工资的具体日期，掌握了内部夜间值班人员的活动情况。因此，警方判断内部人员或内外勾结作案的可能性极大。

警方迅速确定了侦破方向，对可能接触账库和金库的人进行摸底调查，发现除了管钥匙的人以外，别人不知道还有谁能够有机会接触到钥匙。警方对内部人员反复调查，仍然无法发现可疑对象，侦破工作一时之间陷入僵局。

不过，警方分析以后一致认为，原来的侦破方向是正确的，他们仍然坚持从银行内部人员这里寻找线索。这家银行的工作人员只有几十人，范围并不大。警方没能在最开始的一段时间发现可疑人员，这说明罪犯十分狡猾，隐蔽较深，伪装得很巧妙。不过，伪装并不能长久，罪犯盗窃的目的就是挥霍，满足欲望，总有一天会拿钱消费。

警方为了能够给罪犯提供花钱的条件，引蛇出洞，决定暂时撤出银行，给罪犯营造一种警方中断调查的错觉。

警方的判断果然没错，当调查人员撤出银行以后不久，他们发现刚刚在银行工作的实习出纳员赵某买了一块进口表，还发现赵某的好朋友张某最近也突然花钱如流水，其消费水平远高于其实际收入。经过调查发现，他们两人并无其他经济来源，因此推断他们两人可能与银行被盗案有关。

于是，警方调查人员抓住这条线索不放，终于查明张某和赵某合伙作案的真相，并追回了剩余的赃款。

警方侦破这起银行被盗案是从罪犯挥霍赃款打开缺口的。调查人员的破案思路是直言三段论：

凡是支出大大超过收入的人，必定有非正常的经济来源；

赵某和张某的支出大大超过其收入；

所以，赵某和张某两人有非正常经济来源。

当然，非正常经济来源并非都是非法的，它既可能是合法的（如借贷），也可能是非法的。警方只是运用这种推理，为案件的侦破发现重要线索和寻找嫌疑对象提供了指导方向。

LOGIC

第十章

归纳推理：一言蔽之，总结制胜

归纳推理是从特殊到一般的过程，根据一类事物的部分对象具有某种属性，从而得出这类事物所有对象都具有这种属性的结论。归纳推理属于或然性推理，结论不必然正确。要想提高结论的正确性，最好广泛搜集资料，便于接近完全归纳推理的程度。

一 几次的偶然获得医学上的重大发现

《黄帝内经》是一部医学典籍，其中的《针刺篇》记载了这样一个故事。

有一个患头痛病的樵夫上山砍柴，有一次不小心碰破了脚趾，出了一点儿血。神奇的是，他很快便感到头不疼了，但当时他没有在意。

后来，他再次头疼发作，偶然间又一次碰破了之前碰破的脚趾处，头部的疼痛又一次消失了。这一次，他对此非常重视。

后来，只要头疼发作的时候，他就有意地去刺破这个地方，结果每一次都有减轻或治疗头疼的效果。

这个樵夫所碰的位置就是现在人体穴位中的“大敦穴”。

这个樵夫后来每逢头疼发作就去刺破“大敦穴”，是因为他从多次偶然经历归纳推理得出了一个一般性的结论：只要刺破脚趾的这个部位，就能治疗头疼。这是不自觉地运用了不完全归纳推理的一种形式——简单枚举归纳推理。

他的推理过程是这样的：

第一次碰破脚趾这个部位，不头疼了；

第二次碰破脚趾这个部位，又不头疼了；

……

一直没有出现相反的情况，即碰破脚趾这个部位，仍然头疼。

所以，凡是碰破脚趾的这个部位，头疼就会消失。

对于这个樵夫的推理来说，他的简单枚举归纳推理结论具有或然性，只能将它作为进一步研究的线索，而不能作为论证的证据。不过，经过后人的不断实践和研究，大敦穴能治头疼的结论最终得以确定下来。

二 雷达受干扰

1942年2月的一天，正值第二次世界大战期间，德国空军准备空袭英国城市。英国雷达发现目标后，向指挥部发出警报。指挥部立刻下令高炮部队开火，击落了众多敌军飞机。

然而，指挥部还接到很多高炮部队的报告。他们说，炮瞄雷达经常突然受到干扰，致使高炮部队无法准确击中敌军飞机。

该问题反映到伦敦战略研究中心，科学家开始查找问题原因。科学家询问炮瞄雷达的操纵员："雷达在什么情况下会受到干扰？"

操纵员说："一般当敌军飞机从太阳底下钻出来的时候，雷达就会受到干扰。"

科学家为了验证这种现象与太阳的关系，向多个高炮部队进行调研。指挥官们反映的情况基本类似："敌军飞机一旦接近太阳，雷达就跟瞎了眼似的。"

经过多次调研，科学家发现，虽然部队所处的环境不同，使用的雷达不同，操作的时间也不同，但有一点是相同的，那就是炮瞄雷达对准太阳时，都会受到同样的干扰。

科学家是如何得出太阳干扰雷达的结论的呢？科学家使用的便是求同法。求同法的主要内容为：被研究对象在不同场合下出现，而各个场合中只有一个情况是共同的，就可以说这个共同情况与被研究现象之间存在因果联系。

"部队所处的环境不同，使用的雷达不同，操作的时间也不同，但有一点是相同的，那就是炮瞄雷达对准太阳时，都会受到同样的干扰。"从这句话中可以看出，科学家正是发现了各个不同场合（使用的雷达、操作时间、部队环境等）下的共同情况（炮瞄雷达瞄准太阳会受干扰），才推断出最终的结论。

三 多出来的捐款

梅雪林的家不幸遭遇了火灾，家里的东西基本被烧毁。这个消息传到学校后，学校的团支部组织开展献爱心的捐款活动。梅雪林所在的班级更是积极响应，踊跃参与。

同学们捐献了自己的零花钱和压岁钱。捐款由班级的三个中队委负责收集，最后再交给班长。放学后，捐款总数为2850元。

班主任、班长和中队委带着几个同学一起找到梅雪林一家人的临时住处，对他们表示慰问，并将装了钱的信封交给梅雪林的父母。梅雪林的父母感动得流下了眼泪。

第二天上学的时候，梅雪林问班长："昨天你交给我父母多少钱啊？"

"2850元，怎么了？"

梅雪林说："奇怪了，我们数了一下，总共是2900元。"

班长说："不会吧，昨天我们数了好几遍呢！"

老师问："班上的每个同学是不是都捐款了？"

一个学生答道："由于赵丽华家里比较困难，父母都下岗了，家里还有生病的老人，所以她没有捐款，其他同学都捐款了。"

老师又问道："昨天她跟着我们一起去了吗？"

班长答道："去了。她说我们不让他捐款，总该去看望一下梅雪林一家人，表示慰问。"

老师说："那我就知道了，这肯定是赵丽华捐的钱，你们去问问她吧！"

班长找到赵丽华："你是不是捐了50元钱？"

赵丽华见不能隐瞒，只好把事实说了出来："是我捐的，我们家条件不好，你们不让我捐款，但我作为班级里的一员，大家一直帮助我，我也想表示一下自己的心意。"

老师是通过剩余法推理出来的"一定还有人捐了50元"这一结论。剩余法是指如果已知某一复合现象是另一复合现象的原因，同时又知前一现象中的某一部分是后一现象中的某一部分的原因，那么前一现象的其余部分便与后一现象的其余部分存在因果联系。

因为全班捐款2850元，而统计下来有2900元，那么一定是有人偷着捐了50元。

四 音乐家与杜鹃花

从前，有一位音乐家想创作一部《森林交响乐》。为此，他在7月的一个晴天到一片原始森林中去寻找灵感。

第二天清晨，他听到森林的东面传来一阵悠扬的歌声。他顺着声音走去，来到了一条小溪边，看见一位美丽的少女正在对着溪水唱歌。可是，当这位音乐家来到时，她却闭上了嘴。

音乐家敏锐地感觉到，这首歌的旋律正好满足他准备创作的《森林交响乐》的需要，因此他一再请求少女再唱一遍，以便把这首曲子记录下来。但少女流出了泪水，委屈地说道："我很理解你的心情，但我是个奴隶，魔王规定我60年只能唱一首歌。"

音乐家还是苦苦哀求。

少女被他的精神感动了，沉思半晌后，说："好吧，等会儿在离你5步远的地方会出现5朵一模一样的杜鹃花，其中一朵就是我，其余4朵都是昨夜在那里过夜的魔鬼。如果你能采到我，那你的愿望不但能实现，而且我能成为你终身的伴侣，我有唱不完的歌。但是，如果你采错了，就将和我一样，即刻变成千年被魔王鞭笞的奴隶。"音乐家十分坚定地接受了她的要求。只见少女化作一股青烟，一阵风把她吹走了。

音乐家一转身，果然发现离他5步远的溪边开放着5朵鲜艳的杜鹃花，他赶忙走过去仔细查看。很快，他的脸上泛起了自信的笑容，弯腰采下其中的一朵。这时，他手中握着的杜鹃花变成那位美丽的少女。他拉着她的手，听着她的歌一起走向森林深处。

请问，这位音乐家是怎样找到他需要的那朵杜鹃花的呢？

音乐家之所以能够采到他所需要的那朵杜鹃花，是因为他运用差异法做出了正确的推理。

根据常识，从夜晚到第二天清晨，地上的一切花草树木都会沾满露水。而在这5朵杜鹃花中，有4朵是由昨夜在那里过夜的魔鬼变的，因而这4朵花上必然沾满了露水。而少女是刚刚变成杜鹃花的，身上没有沾上露水。这就是说，4个魔鬼和少女变成的5朵杜鹃花，其他的一切情况都是相同的，只有一点不同，即其中的4朵花上沾满露水，有一朵花上没有露水。因此，音乐家断定：没有沾上露水的那朵杜鹃花才是少女变成的。

五 头发与心肌梗塞

某报纸曾经报道过这样一份研究报告：

国外科学家通过分析头发的化学成分，发现头发中含有大量的硫和钙。经过精确测定，心肌梗塞患者头发中的含钙量已经达到最低限度。如果一个健康男子头发中的含钙量为0.26%，那么一个患有心肌梗塞的男子，其头发含钙量只有0.09%。据此，科学家们推测，根据头发含钙量的变化可以推断出心肌梗塞的严重情况。

这些科学家们运用的逻辑方法是共变法：在被研究对象发生变化的各个场合中，如果其他情况都未变化，只有一种情况发生变化，那么发生变化的情况是被研究对象的原因。

在这个案例中，科学家们正是运用共变法原理，在其他情况保持不变的前提下，根据心肌梗塞病情发展越厉害，头发中含钙量相应越少的事实推测出，头发含钙量与心肌梗塞病情发展状况之间存在共变关系，所以通过对头发中含钙量的分析，可以预测心肌梗塞病情的发展情况。

六 动物的冬眠

每年到了冬季，很多动物开始冬眠。动物在冬眠期间不吃不喝，体温降低，心脏跳动减慢，新陈代谢迟缓，就好像死了一样，所以冬眠也称“假死”。

科学家很早就注意到了这个现象，并对此十分感兴趣，他们要解开这个谜，即动物为什么有冬眠现象。

其中，美国科学家道厄为了探索动物冬眠之谜，做了几个实验。

实验一：他从正处于冬眠的黄鼠身上抽取了3毫升血，注射到两只刚苏醒的黄鼠身上，并放在摄氏七度的冷房内。结果，黄鼠在几天后又进入冬眠。同一年，他又从这两只正在冬眠的黄鼠身上抽取血液，立刻注射到另外三只正处于活跃期的黄鼠身上，这三只黄鼠也进入冬眠状态。此外，他还从冬眠的旱獭身上抽取血液注射到未冬眠的黄鼠身上，黄鼠也进入了冬眠。

实验二：从未冬眠的黄鼠身上抽取血液，注射到活跃期的黄鼠身上，黄鼠没有进入冬眠状态。

实验三：在一个冬天，他将31只黄鼠分为3组，各装上一只热敏电阻温度计，3组黄鼠分别被注射了旱獭的冬眠血清、黄鼠的冬眠血清、活跃期黄鼠的血清。经过几天的仔细观察，他发现凡是注射冬眠动物血清的实验黄鼠体温都下降了，有的进入了真正的冬眠状态。之后，他又把黄鼠放入冷房中，发现接受注射冬眠血清的黄鼠很快便进入冬眠状态，而另外7只注射活跃期血清的黄鼠始终处于活动状态，并未进入冬眠。

这个实验表明：不管是在冬季还是夏季，也不管是在冷环境还是暖环境，只要身体里有冬眠诱发物质，就可以诱发动物冬眠。

实验四：他后来又抽取冬眠时间长短不一的动物的血液，注入活动期动物的体内，结果冬眠两三周的动物身上的血液比刚进入冬眠的动物的血液更加有效地诱发未冬眠动物进入冬眠状态。

实验五：道厄想要查清诱发冬眠的物质到底存在哪里，是存在血清中，还是血细胞中？他用离心机把血液分离成血清和血细胞，再用分子过滤器将血清过滤，得到残留物质和滤过物质，然后他将血细胞、残留物质和滤过物质分别注射到黄鼠体内。实验结果表明：血细胞、残留物质都不能使动物进入冬眠状态，只有滤过物质才能起到诱发动物冬眠的作用。

在这个案例中，道厄进行的五个实验是确定因果关系的逻辑方法的结合运用。

实验一运用的是求同法：虽然时间不同，被抽血的冬眠动物不同，被注射的黄鼠状态不同，但由于先后注射了冬眠动物的血液，未冬眠的黄鼠都进入冬眠状态。这一实验结果表明：处于冬眠状态动物的身上有着一种诱发动物冬眠的物质。

实验一和实验二结合起来看：同样处于活跃期的黄鼠，由于注射不同的血液，结果就有不同，有的进入冬眠状态，有的仍然很活跃，这是差异法的运用。

实验三是两次求同法和一次差异法的结合运用：第一次求同法是用来确定被研究对象在各个不同场合出现的共同先行条件，第二次求同法是找出被研究对象在各种场合不出现的原因。最后将两次求同法得出的结论进行对比，由此确认，某个现象是否出现由某个先行条件是否具备所决定。

实验四运用的是共变法：通过考察被研究对象情况的变化，从而确认这个变化的先行条件是被研究对象变化的原因。“所含诱发冬眠的有效物质的多少”是先行条件，“促使动物进入冬眠状态的快慢”是被研究对象的变化。

实验五运用的是剩余法：为了得知动物冬眠的原因，先把先行条件逐一分析，把与被研究对象无关的事物排除掉，剩下的某一先行条件则是被研究对象的原因。

七 失效的贝蒂荣法则

1879年，在巴黎警察厅抄写卡片的贝蒂荣对自己的工作产生了厌倦情绪，于是他打算放弃现有工作，转而进行人体测量。

他测量的对象是登记在案的囚犯。他测量这些囚犯身体的某些部位，并记录下来，等资料积累到一定程度后，贝蒂荣按照自己的想法对资料进行了分析和归类，并将这些资料应用到识别囚犯上。

4年后，贝蒂荣运用自己的人体测定法则成功地识别出一名囚犯的前科身份，这是人体测定法成功的开始。

接下来的一年，他一共鉴别了300名有前科的罪犯，而且没有遇到两个人人体测量资料完全相同的情况。于是，法国人认为以测量人体某些不变部位的骨骼为基础的贝蒂荣法则是19世纪警务中最伟大的发明，这个发明不仅方便了法国的警务工作，还使全世界的辨识罪犯工作不再出错。因此，贝蒂荣法则在当时风靡一时。

岂料，在后来一次鉴别中贝蒂荣却发现了两名人体测量数据完全一样的囚犯，这就意味着贝蒂荣法则失效了。

在这个案例中，利用人体测量数据识别囚犯的贝蒂荣法则是运用不完全归纳推理获得的。其推理形式为：

对第一个犯人的识别，贝蒂荣法则是有效的；

对第二个犯人的识别，贝蒂荣法则是有效的；

……

对N个犯人的识别，贝蒂荣法则是有效的；

N个犯人是所有犯人中的一部分，没有发现贝蒂荣法则对犯人识别无效；

所以，对所有犯人的识别，贝蒂荣法则都是有效的。

对于获得的上述结论，应该如何看待呢？

不完全归纳推理的前提和结论间不具有必然性关系，前提为真不能保证结论必然真。因为人们因主客观的局限所考察的对象是有限的，而且单凭观察所获得的经验是不能证明事物的必然性的。

正因为归纳推理的结论是或然的，而归纳推理结论的可靠性又与观察事物的数量、范围，以及对于观察对象的分析程度有着直接的关系，所以一般来说，观察事例的数量越多，范围越广，对于观察对象的分析越深入，归纳推理结论就越可靠，尤其要注意是否有反面的事例。

八 眼球转动与做梦

一位奥地利医生突然发现儿子睡觉时眼球转动，他十分奇怪，赶忙把儿子叫醒。儿子说，他刚才在做梦。

医生思索道："难道睡觉时眼球转动与做梦有什么关联吗？"

这个问题一直困扰着这位医生。为了解开这个谜，他打算把自己的儿子当作观察对象。每当儿子睡觉时，他便守在旁边观察，一旦发现儿子眼珠转动，他就立即叫醒儿子，儿子醒来后总说自己做了一个梦。于是，他心中的设想逐渐成为事实了。

不过，这种现象是不是只发生在自己的儿子身上呢？如果只发生在儿子身上，这个发现的意义就没有那么大。如果不是只发生在儿子身上，那便是一个重大的发现。

因此，医生又仔细观察了自己的妻子和邻居，观察结果是一样的。于是，他撰文论述道："如果人们睡觉时眼珠转动，一定是在做梦。"

这位奥地利医生的结论运用了归纳推理：

儿子睡觉时，如果眼珠转动，一定是在做梦；

妻子睡觉时，如果眼珠转动，一定是在做梦；

邻居睡觉时，如果眼珠转动，一定是在做梦；

……

还没有发现反例：

所以，任何人睡觉时如果眼珠转动，都一定是在做梦。

九 火鸡的归纳推理

在火鸡饲养场中，有一只很擅长使用归纳逻辑的火鸡，它被运到这个饲养场的第一天就发现，饲养员会在上午10点为它提供早餐。不过，它没有立刻就得出结论，而是进行了大量观察和考证，不管是晴天还是雨天，不管是天气炎热还是天气阴冷，也不管是工作日还是周末，它的观察一直不间断。

最后，火鸡通过严密的归纳推理，得出这样一个结论："饲养员会在上午10

点钟为它提供早餐，不会杀了它。”

然而，事情并没有如它归纳出的结论那样简单。在圣诞节前夕，饲养员不再为它提供早餐，而是直接把它宰杀了。因此，它通过观察得出的结论无法成立。火鸡临终前非常困惑，为什么饲养员不再按常理出牌了呢？

这个故事隐喻了归纳主义者。科学的确始于观察，也可以通过观察得出一些可靠的结论，但这种通过观察归纳出来的结论存在一定的局限性，所以结论不一定完全正确，甚至有的结论还会存在十分离谱的错误。

这个世界上的任何事物都处于不断的发展变化中，人类不可能发现所有的规律。不过，人类掌握了可行的认知体系，可以重复检验事物的特性，最大限度地提供最可靠的知识。由于人类认识上的局限性，有些知识可能在将来被推翻，这也是不可避免的事情。

这只火鸡虽然存在认知上的局限性，但它可以通过观察归纳出饲养员的喂食规律，以此来调整自己的作息时间。

善于归纳的火鸡无疑是具有智慧的，因为以观察论证得出的结论来指导未来的行动无疑可以节省很多时间，但我们不能以未知可能性作为依据来进行判断，否则只会犯下逻辑谬误，贻笑大方。

LOGIC

第十一章

类比推理：触类旁通，灵活求知

类比推理，简称类推，是以关于两个事物某些属性相同的判断为前提，推导出两个事物其他属性相同的结论的推理形式。类比推理是一种灵活的思维方式，对于科学探索和生活求知具有重要的促进作用。

一 盐和棉花

古时候，有一个呆子挑着一袋盐过河。河上没有桥，也没有渡船。呆子看水浅，便脱下鞋子蹚水挑担过河。谁知，他走到河中间的时候，不小心被河里的石头绊了一跤，跌倒在水里，很多盐都溶化了。等他从河水中爬起来时，他发现肩上的担子轻了很多。

呆子非常高兴，牢牢地记住了这一点，认为在水里跌一跤，肩上的担子就会轻很多。

有一次，呆子挑了一担棉花过河。当他走到河中间时，他想起上次落水的情景，于是故意滑倒在河水中，把一担棉花全部浸泡在水中。不过，当他想再次站起来时，并没有轻松的感觉，反而被一担湿棉花压得爬不起来了。

这个呆子所做的类比推理就犯了“机械类比”的错误。他错误地将盐的“被水溶解”和棉花的“吸水”这两种不同属性进行类比，因为盐打湿了，重量会减轻，所以认为棉花打湿了，重量也会减轻。

二 酒桶和胸腔

19世纪中叶，奥地利的首都维也纳有一位名叫奥恩布鲁格的医生。有一次，他为一位病人检查身体，发现什么问题都没有，但病人很快就去世了。

奥恩布鲁格为此非常难过，他非常想弄清楚这是为什么。经过与病人家属沟通后，他得到了病人家属的同意，于是开始解剖尸体查找问题。

经过仔细查看，他发现病人的胸腔积满脓水。奥恩布鲁格想到，要按照以前的方法，在这样的病人身上是无法发现问题的，那么以后再遇到类似的病人时该怎样诊断呢？

看着尸体的胸腔，他突然想起了经营酒庄的父亲。父亲在经营酒庄时，经常会用手指关节敲打木质酒桶，听里面发出的声音，据此估量木桶中剩余的酒量。

奥恩布鲁格不由地想到，人类的胸腔与酒桶不是有很多相似之处吗？如果能够和敲酒桶一样发现问题，不就可以进行正确诊断了吗？

于是，他开始反复探索胸部疾病和叩击声音之间的变化关系。经过许多次的实验之后，终于找到了正确的方法，并发表了医学论文《用叩诊人体胸廓发现胸腔内部疾病的新方法》，叩诊的方法由此诞生。

叩诊这一医疗方法就是奥恩布鲁格通过类比推理实现的。他把“酒桶和装酒量”与“人体胸腔和胸腔积水”作类比，因为这两者之间存在相似之处：都是封闭的空间，内藏液体，叩击时能够发出声音等。他通过叩桶知酒量推出叩胸知病情的结论。

类比推理是形成科学假说的重要推理形式，除了叩诊方法的是通过类比推理产生外，还有惠更斯的光的波动说、卢瑟福与学生提出的原子结构行星模型假说等都是运用类比推理建立的巨大科学功绩。

三 “大房子”用途的猜测

我国考古工作者在仰韶文化的村落遗址中发现大小两种房子。陕西临潼姜寨的新石器时代村落发掘于20世纪70年代，其中每一座“大房子”旁边都有几座小房子。不仅在这里，西安半坡遗址、洛阳王湾遗址、陕西华县泉护村遗址也都发现过类似的“大房子”。

有人认为“大房子”是会议厅或其他公共活动场所，也有人认为“大房子”是氏族首领的住房。从逻辑上来分析，这两种说法都不太确切。

第一，“大房子”不止一座，如果专供集会议事使用，数量未免太多了些；如果是氏族首领住房，这也说不通，因为一个村落里不可能有几个氏族首领。

第二，仰韶文化是新石器时代的一种文化，新石器时代实行原始氏族制度，从大量资料来看，这一时代没有明显的贫富分化，“大房子”属于氏族首领住房是说不过去的。

第三，有的“大房子”尽管面积很大，但房门窄小，房顶低矮，不适合公共活动使用。陕西华县泉护村遗址的“大房子”有完好的火塘、饮食器具和炭化的粟粒，说明这里是生活居住用房。

母系氏族社会村落中的这些“大房子”到底是做什么用的呢？

云南省的纳西族在解放初期还保留了一些母系氏族制度的习俗，他们的住房与居住习惯或许对理解这一问题很有启发。

纳西族的一个院落里居住着一个母系大家族，包括一个或几个祖母繁育下来的三四代人。北面的正房是住宿、活动、做饭和吃饭的地方。全家族的吃饭都由祖母或大女儿主持，食物平均分配。青年男女到了结婚的年龄，通过活动或娱乐建立情感而相爱，相爱的双方互称“阿注”（意思是“朋友”），白天在家族中生活，晚上男阿注到女阿注家过夜，这种阿注关系很不稳定，一般一对男女保持几个月或一两年，同时还可以建立和其他阿注的关系。男女阿注过夜的地方位于南面或东面的小房屋中，这些小房屋叫作“客房”。

有的研究者据此推测，仰韶文化的一些有火塘、有住人迹象的“大房子”可能就像纳西族的北面正房一样，是母系家族住宿、活动、做饭和吃饭的场所，每个“大房子”周围的小房子则是供那种不稳定的配偶居住的地方。

该研究者的推测正是依据类比推理得出的，因为仰韶文化时期人们的生活情况与解放初期的纳西族在很多方面相似。例如，两者都处于氏族制度时期，村落里都有大小房子，婚姻风俗也有类似之处。根据两者之间的这些相似点和纳西族大房子和小房子的用途，研究者推测出仰韶文化时期大房子和小房子的用途。

四 科学探索的武器

类比推理能够帮助人类认识并改造客观世界，一些重要科学理论的提出以及机器的发明最初都是通过类比推理延伸出来的。例如，锯子是鲁班根据草的锯齿形状发明的。

那么，大家知道雷达是如何发明的吗？其实，雷达就是模仿蝙蝠探路的方法发明出来的。

蝙蝠在夜间飞行，晚上光线极差，蝙蝠不仅撞不到物体，还能轻松地捕捉飞蛾和蚊子。难道它的眼睛特别敏锐，能在漆黑的夜里看清楚所有的东西吗？

人们早就对此产生了疑问，所以为了弄清楚这个问题，科学家们做了一次实验。在一间屋子里拉起了许多绳子，绳子上系着许多铃铛。他们把蝙蝠的眼睛蒙上，让它在屋子里飞。蝙蝠飞了好几个小时，一个铃铛或一根绳子也没碰到。

科学家又做了2次实验：一次把蝙蝠的耳朵塞上，一次把蝙蝠的嘴封住，让它在屋子里飞。蝙蝠就像没头苍蝇似的乱飞，挂在绳子上的铃铛响个不停。

3次不同的实验证明，蝙蝠夜间飞行，靠的不是眼睛，它是用嘴和耳朵配合起来探路的。

科学家经过反复研究，终于揭开了蝙蝠能在夜间飞行的秘密。它一边飞，一边从嘴里发出一种声音。这种声音叫作超声波，人的耳朵听不见的超声波，蝙蝠的耳朵却能听见。超声波像波浪一样向前推进，遇到障碍物就反射回来，传到蝙蝠的耳朵里，蝙蝠就立刻改变飞行的方向。

科学家模仿蝙蝠探路的方法，给飞机装上了雷达。雷达通过天线发出无线电波，无线电波遇到障碍物就反射回来，显示在荧光屏上。驾驶员从雷达的荧光屏上能够看清前方有没有障碍物，所以飞机在夜里飞行也十分安全。

除了雷达，人类还发明了很多从动物身上“偷师”来的新产品，如仿生机器人。20世纪90年代，美国的布鲁克斯教授成功研制出昆虫机器人，这款机器人可以按照程序做出动作。金枪鱼潜艇可以像真鱼一样游动，灵活性远远高于普通的潜艇，几乎可以到达水下任何区域。

五 写作爱好者

王哲凯平时非常喜欢写一些散文或小说，写完之后就分享到朋友圈。他的朋友都知道他的这一爱好，每次他一分享就在下面评论，纷纷赞赏他的文笔。

有一次，王哲凯又写了一篇比较中意的小说，字数大概2000字。他分享之后没过2个小时，他的朋友圈就有了一条评论：

“哲凯，最近写作状态不错啊！我前两天读了一篇文坛新秀的小说作品，字数不多，只有2000字，但文笔流畅，小说情节也很好，听说是今年的获奖作品。我刚才看了你写的这篇小说，字数差不多也是2000字，内容非常有趣，行文流畅，你去参加小说竞赛吧，一定能得奖。”

王哲凯看完评论，虽然觉得朋友的赞赏很受用，但最后朋友说让他去投稿参赛，他觉得自己的水平还没有达到那种程度。另外，他总觉得朋友说话的逻辑有问题。

王哲凯的朋友其实犯了“机械类比”的错误。在运用类比推理时，仅仅根据事物之间为数很少的又不具备典型性的共同属性，就推断类比对象具有与已知属性相关性程度不高的另一属性，这种错误的类推方法在逻辑学中称作机械类比。

类比推理是一种或然性推理，前提真，结论未必为真。要提高类比结论的可靠程度，就要尽可能地确认类比对象之间的相同点。相同点越多，结论的可靠性程度就越大，因为类比对象间的相同点越多，两者的关联度就会越大，结论就可能越可靠；反之，结论的可靠性程度就会越小。

此外，要注意的是类比前提中所根据的相同情况与推出的情况要带有本质性。如果把某个对象的特有情况或偶有情况硬类推到另一对象上，就会出现“类比不当”或“机械类比”的错误。

在这个案例中，王哲凯的朋友简单地认为王哲凯的小说与另一篇小说具有“字数相同”“文笔流畅”“情节有趣”等相同点，就推出王哲凯的小说同样具有与另一篇小说的其他共同点——获奖，以此鼓励王哲凯参赛。其实，一篇小说能否获奖是受到很多因素影响的，并不仅仅包括字数、文笔和情节这三个方面。

六 卡介苗与玉米

法国两位细菌学家卡尔美和介林在从事细菌学研究期间，受到近代微生物学奠基者巴斯德早先研究成果和巴黎马波泰农场主玉米退化的启发，历经13年，培育了一株毒性极其强烈的结核杆菌，将其培养达231代。后来，终于将其接种到动物身上，使动物不再生结核病，而且保留了对结核病免疫作用的抗原性。

卡介苗的发明和应用对人类的健康具有重大的意义。其有效性和安全性得到了时间的检验，今后必将继续为预防结核病做出重大的贡献。由于结核杆菌疫苗是由法国两位细菌学家研究成功的，所以人们便以他们的名字命名结核杆菌疫苗，称为“卡介苗”。

说到卡介苗的由来，还有一个非常有意思的故事，这个故事揭示了卡介苗产生的灵感来源。

那是1907年秋天的一个下午，卡尔美和介林正走在巴黎近郊的马波泰农场的一条小路上。走着走着，他们发现田地里的玉米秆很矮小，玉米穗也很小，于是十分好奇地问农场主：“这些玉米是不是缺乏肥料呢？”

农场主回答：“不是的，先生。这玉米引种到这里已经十几代了，可能有些退化了。”

卡尔美和介林惊讶地问道：“什么？你能不能再说一遍？”

农场主笑着说：“这些玉米可能是退化了，一代不如一代了。”

他们就像发现了新大陆一般，匆匆地离开了。

他们马上联想到，如果把毒性强烈的结核杆菌一代代培养下去，其毒性是否也会退化下去呢？用退化了的结核杆菌注射到人体中，不就不仅不会伤害人体，还能产生免疫力了吗？

有了这个构想，两位科学家便花费了13年的时间，终于成功培育了第231代的结核杆菌作为人工疫苗。

卡尔美和介林就是运用类比推理得出“结核杆菌年代久了也会退化”的结论的。因为玉米和结核杆菌两者之间有相似之处，两者都是生物，所以当农场主说到“玉米年代久了会退化”时，他们便类比推出“结核杆菌年代久了也会退化”的结论。

七 洗澡水的漩涡

洗澡是一件十分普通的事情，在浴缸里洗完澡，把塞子一拔，水缓缓流掉，谁都不会刻意关注它。然而，麻省理工学院机械工程系主任谢皮罗教授非常有心，他敏锐地注意到，每次放洗澡水的时候，水的漩涡总是向左转，即逆时针方向流动。

“难道这是自己的浴缸所特有的现象吗？”谢皮罗教授暗自思忖，他决心探究到底。于是，他设计了一个碟形容器，将水灌满，然后他拔掉碟底的塞子，发现碟里的水也是呈逆时针的小漩涡流动。因此，他推断放水时的漩涡朝左方向不是偶然现象，是有规律的。

1962年，谢皮罗教授发表论文，认为这种现象与地球自转有关。如果地球停止自转，拔掉浴缸或者其他容器的塞子便不会产生漩涡。由于地球是自西向东旋转，美国处于北半球，所以旋涡总是逆时针方向旋转。

谢皮罗教授由此推导，北半球的台风同样是逆时针方向旋转的，其道理就和洗澡水的漩涡一样。

在这个案例中，谢皮罗教授采用的就是类比推理。

在自西向东旋转的地球的北部，水受地心引力的影响，水的漩涡方向是逆时针的；

在自西向东旋转的地球的北部，台风受地心引力的影响；

所以，台风的漩涡方向也是逆时针的。

谢皮罗教授在论文中提到，到了南半球，这一情况就恰好相反，洗澡水是按顺时针方向形成漩涡，而在赤道上则不会形成漩涡。

谢皮罗教授的论文一经发表就引起了世界各国科学家的强烈兴趣，人们纷纷进行观察和实验，结果与谢皮罗教授的论断完全相符。

八 美国商人的败诉

20世纪90年代，澳大利亚发生了一起特殊的诉讼案。一位美国商人向一家澳大利亚的皮包公司订购了1万个皮包。等到提货时，美国商人发现皮包内衬使用的是涤纶布料。他认为这种皮包不能称为真正的皮包，于是就在美国当地法院起诉这家皮包公司，要求对方赔偿，一位名叫布莱克的年轻律师为被告据理力争。

在法庭上，布莱克站在律师席上掏出一块闪亮的金表，问法官："尊敬的法官，请问我手中拿着一块什么表？"

法官说："这是一块金表，但这和本案没有关系。"

布莱克说："对，这就是一块金表，我想没有人会有不同意见。那么，我再请问，这块金表的内部构件也都是纯金打造的吗？"

法官知道金表内部构件不可能都是纯金打造的，终于明白布莱克刚才为什么那样问了。

布莱克接着说道："我们都知道，我们不一定非要用纯金来打造一块金表的内部零件，那么在这起皮包案中，原告为什么还坚持认为皮包内衬使用涤纶布料就不是真正的皮包呢？"有力的论辩让原告和法官哑口无言，法官最终判美国商人败诉。

在这个案例中，律师布莱克将类比思维充分运用到这个案件中，其推理过程是这样的：

金表的外表是金的，但内部构件不是纯金打造的，但没有人怀疑这不是金表；

皮包公司生产的皮包，外面的材料是皮的，内衬材料不是皮的；

所以，皮包公司生产的皮包是真正的皮包，不容置疑。

LOGIC

第十二章

偷梁换柱：不得混淆是非的同一律

同一律要求在同一思维过程中不得随意变换概念，概念要保持确定性，这是双方交谈的基础。如果一方违反同一律，故意偷换概念或者混淆概念，就成了诡辩，双方的交谈就会以非常荒谬的结局收场。

一 赖账

寒冷的冬夜，一个边远小镇上出现了一位长途跋涉的年轻旅行者。这个年轻人又饥又渴，极为艰难地走入一家餐馆。

年轻人坐下后长舒了一口气，老板走过来问他吃什么。

“老板，肉夹馍多少钱一份？”

“三块钱一份。”

年轻人说：“给我拿两份。”

老板给了年轻人两份肉夹馍，年轻人又问道：“有啤酒吗？多少钱一瓶？”

“六块钱一瓶！”

年轻人犹豫了一下，然后说道：“我现在感到十分口渴，我用这两份肉夹馍换一瓶啤酒，行吗？”

“当然可以。”老板痛快地说道。

老板收回肉夹馍，拿过来一瓶啤酒，年轻人一饮而尽，嘴巴一擦，背起背包就往外走。

老板急忙跑过来拦住他，客气地说：“小伙子，你还没给钱呢！”

年轻人嚷道：“我不是用肉夹馍换的啤酒吗？”

“可是肉夹馍的钱您也没付啊！”老板说。

年轻人说道：“我根本就没有吃你的肉夹馍，为什么要我付钱啊？”

“是啊，小伙子并没有吃我的肉夹馍。”老板愣在那里想了半天，一直迷惑不已，直到年轻人走远，消失在茫茫夜色中。

这个年轻人使用“偷换概念”和“转移论题”的手段迷惑了老板，使老板的思绪一时间转不过弯来了。年轻人故意将“没有付钱的肉夹馍”偷换成“已经付钱的肉夹馍”，从而用肉夹馍换了啤酒。

请注意“用两份肉夹馍换一瓶啤酒”这句话，这句话在老板的眼里就是单纯的不再购买肉夹馍，转而购买啤酒，而年轻人偷换概念为“这两份肉夹馍我已经付钱了，我把它兑换成价格一样的啤酒”。后来，他又把“用肉夹馍兑换到的啤酒”和“用来兑换啤酒的肉夹馍”这两个相同的概念混为不同，从而将“没付钱”转换为“没吃”，以此达到赖账的目的。

二 进化论争辩

达尔文花了20多年的时间研究物种起源和进化，他到世界各地探索考察，终于在1859年出版了著作《物种起源》。从此，进化论的思想开始传播。

达尔文在这部著作中抛弃了教会“上帝创造人类”的观点，用扎实的证据提出了“人是从猿猴进化而来”的观点。这一观点刚一出现，就震动了学术界和宗教界，遭到宗教界的猛烈攻击。

教会认为达尔文简直是不可理喻，干了亵渎神灵、离经叛道的勾当。

1860年6月，英国教会决定利用一场会议将进化论扼杀在摇篮中。教会方面派出牛津大学大主教威尔伯福斯参加会议，而当时达尔文正在生病，所以他委托赫胥黎和胡克两位教授代表他参加会议。

威尔伯福斯首先发言，他指责达尔文的学说违背了《圣经》和神意。他指着赫胥黎，说道：“达尔文说人是由猿猴变的，那我想问的是，究竟你哪位长辈是由猿猴变来的呢？”

那些反对进化论的人都拍手称快，这时赫胥黎勇敢地站了起来，平静地说道：“达尔文学说是对自然现象的一个解释，《物种起源》使用了大量的事实证明生物进化的过程，没有别的学说比这个解释更合理了。”

接着，赫胥黎运用了很多事实阐述达尔文的学说，驳斥了威尔伯福斯对进化论的污蔑。最后，他对威尔伯福斯说道：“没有一个人有任何理由为他的祖先是一个无尾猿而感到羞耻。”

赫胥黎阐述结束后，牛津大学的学生们纷纷鼓掌表示接受，而威尔伯福斯无法反驳，只能灰溜溜地离开了会场。从此，达尔文的进化论学说终于站稳了脚跟。

威尔伯福斯论辩的形式如下：

人是由猿猴变的；

赫胥黎的长辈是人；

所以，赫胥黎的长辈是由猿猴变的。

威尔伯福斯的三段论结构虽然很合理，但他混淆了集合概念和非集合概念。

集合概念是以由同类个体事物构成的一个不可分割的整体为反映对象的概念；非集合概念是不以这种由同类个体事物构成的整体为反映对象的概念。

“人是由猿猴进化来的”“人是由猿猴变的”中的“人”是集合概念，指人类，而“赫胥黎的长辈是人”中的“人”是非集合概念。

威尔伯福斯故意将集合概念当作非集合概念使用，把人类与某一个人混为一谈，从而得出赫胥黎的长辈是由猿猴变的，违反了同一律，结论是极其荒谬的。

三 “说话”和“说话”也是不同的

张琪和柳原是同桌，有一次上历史课时他们觉得很无聊，两人就聊起了流行歌曲，然后又把话题转移到时尚和明星，越说越兴奋，声音也越来越大。坐在一旁的学习委员严晓琳连忙朝他们做了一个禁止说话的手势，他们只好停止说话。

不过，过了没多久他们就又开始说话了，周围的几个学生被扰乱得无法听清老师说的话。

严晓琳忍不住了，严肃地对他们说：“请你们不要讲话！”

张琪和柳原耷拉下脸来，张琪说：“我们什么时候讲话了，我们没有讲话！”

严晓琳轻声说：“算了，只要你们现在不说话就好了。”

没想到张琪耍起了无赖，说：“我们没有讲话，而是你严晓琳在讲话。”

历史老师带着厚重的眼镜，这时才发现后面的座位上有人在说话。

“到底怎么回事？”历史老师厉声说道。

柳原站起来说：“老师，严晓琳在下面说话！”

“我在说话？”严晓琳生气地说，“我一直在听讲，没有和别人说话啊！”

柳原高声说道：“你刚才明明说话了，你还想否认？那我问你，刚才那句‘请你们不要讲话’是谁说的？”历史老师看着严晓琳。

严晓琳说：“是我说的。”

柳原接着说：“我想你也不会抵赖，还有那句‘算了，只要你们现在不说话就好了’也是你说的吧？”

严晓琳分辩道：“是啊，但那是我想叫你们不要再讲话才说的。”

柳原声音又提高了：“这下就清楚了吧，你已经承认你说话了，你还是先管好你自己吧！”

严晓琳快要急哭了：“我真的没有讲话啊，你怎么不讲理，明明是你们在讲话，我制止你们才说那两句话的。”

历史老师听明白了事情的原委，对严晓琳说：“我明白是怎么回事了，你没有错，柳原的话混淆了是非。”然后，历史老师批评了柳原和张琪，表扬了严晓琳。

对于谁违反课堂纪律，其实大家心知肚明。关于流行歌曲、明星和时尚的讲话与严晓琳制止他们讲话的语言不是一个概念。前者是违反课堂纪律的话语，而后者是维持课堂纪律的语言。毕竟维护课堂纪律也需要用语言表达出来，这种语言与违反纪律的语言是两码事，不能混为一谈。柳原的错误在于混淆了不同层次的语言，违反了同一律。

四 让人昏过去的脑筋急转弯

脑筋急转弯考查的是人们不同寻常的思路，很多脑筋急转弯就是通过违反同一律来实现风趣幽默的效果的。

某初中的一次文艺晚会上，曲肖珍出了这样一道题目。

“一个人正在赶路，突然发现前面有一条大河挡住了路，他不能蹚河过去，因为河里有两条大鳄鱼，直接过去很容易葬身鳄鱼腹中。正在这时，他发现旁边有一座桥，刚想走上桥，发现桥上有一只大老虎，那么这个人该如何过去呢？”

同学们绞尽脑汁地思考答案，于是出现了各种答案。

“乘坐热气球或者直升机过去。”

“河边有一棵大树，他在树上拴一条绳子，然后像荡秋千一样荡过去。”

“找个竹竿，撑杆跳过去。”

“让老虎跳进河里，或者让鳄鱼爬到桥上，老虎和鳄鱼打起架来，他趁机跳进河里蹚过去。”

“这些老虎是在动物园长大的，不咬人，要不就是那些鳄鱼吃饱了，不会伤人。”

“河流很窄，鳄鱼一字形排开，他用极快的速度踩着鳄鱼的背走过去。”

这些办法都被曲肖珍否决了。最后，大家实在想不出来了，就让曲肖珍公布答案。曲肖珍微笑着说：“他是昏过去的。”

同学们听了答案之后差点儿笑翻了。

这个脑筋急转弯就是故意违反同一律，制造了一种独特的幽默效果。

五 学到的知识

在古希腊的哲学史上，曾经出现过这样的智者学派。这个学派以诡辩著称，他们不仅自己常常同别人论辩，还以此为职业，招收门徒，教他们如何诡辩，欧底姆斯就是其中的一位诡辩者。

某天，苏格拉底领着一个年轻人拜访欧底姆斯，欧底姆斯直接向年轻人提出了一个问题：“你学习的是已经知道的知识，还是不知道的知识？”

这个年轻人不假思索地回答：“我学习的当然是不知道的东西了。”

欧底姆斯便向年轻人提出了一连串的问题。

“你认识语言中的字母吗？”

“认识。”

“你认识所有的字母？”

“当然了。”

“老师在教你的时候，不正是在教你字母吗？”

“没错，是这样。”

“既然你认识字母，那么老师教你的应该是你已经知道的东西吧？”

“嗯，这样说也对。”

“那么，或者你并没有在学，只是你的同学在学吧？”

“不，我也在学。”

“那么，如果你认识字母，就是在学你已经知道的东西了。”

“嗯，是的。”

“那么，你刚开始说你学习的是不知道的东西，这句话就错了。”

欧底姆斯的话让年轻人知道了自己的不足，他承认自己逻辑水平不高，心甘情愿地拜欧底姆斯为师。

其实欧底姆斯的话根本不符合逻辑，他使用了偷换概念的方法，将年轻人弄得昏头昏脑，让他感觉就像在听绕口令一般。

在日常语言中，有些词语的含义是不确定的，某些情况下，不确定的词语含义就有可能被某些人利用，混淆同一词语所具有的各种不同含义来进行诡辩。在这个案例中，欧底姆斯就是这样做的。例如，“老师在教你的时候”所表示的时间概念，既可以指“过去”，也可以指谈话时的“现在”，甚至是“未来”。

当欧底姆斯向这位年轻人提问：“老师在教你的时候，不正是教你认识字母吗？”其中“教你的时候”指的是“过去”，即表示“过去”这一时间概念，而当他向年轻人提问说：“如果你认识字母，那么老师教你的应该是你已经知道的东西吧？”这时，“教你的时候”（在文中省略了）指的则是“现在”（或“未来”），即表示“现在”（或“未来”）的时间概念，但这位年轻人没有察觉到这一点，所以被搞得昏头昏脑。

六 抬杠

生活中很多人喜欢抬杠，而抬杠用到的最多的方式便是偷换概念或偷换论题。

吴立常除了喜欢抬杠以外，几乎没有别的缺点。但是，他抬起杠来真让人吃不消。

有一天，他到朋友刘辉家去玩，一进门就开始抬杠。

刘辉："你个子不高，嗓门倒挺大。"

吴立常："个子小嗓门就不能大了？你没见过知了吗？知了个子大吗？它夏天的时候在树上吱吱叫，声音大得很，你能说它嗓门小吗？"

刘辉："你把人和知了比怎么行呢？知了爬得高，所以叫起来特别响。"

吴立常："你说得不对，青蛙叫得也特别响，你能说青蛙爬得高吗？"

刘辉："青蛙叫得响，那是因为它嘴巴大。"

吴立常："簸箕的口更大，可它连叫都不会叫。"

刘辉："簸箕是竹子做的，当然不会叫了。"

吴立常："箫也是竹子做的，为什么可以叫呢？"

刘辉："因为箫有洞眼，是乐器，要人去吹才能叫。"

吴立常："米筛的洞眼更多，为什么不能吹响呢？"

刘辉被吴立常的抬杠噎得难受，于是生气地说："因为它心眼太多，以前净说瞎话，所以惩罚它做哑巴，不能出声，不然它总是胡搅蛮缠地抬杠！"

这个案例中的吴立常为了达到目的，随意挑选出表面相似的事物作为依据，一次又一次地偷换论题，使问题无法讨论清楚。这就是诡辩者的伎俩，即使对方提出正确的观点，诡辩者也要用种种歪理来狡辩，不肯认输。这种毫无价值的抬杠没有任何意义，只是浪费时间和口舌而已。

七 半费之讼

普罗塔哥拉是古希腊的著名哲学家和诡辩家。他曾经开设学校教人学习辩论技巧，主要是为了提高学生们的口才。

普罗塔哥拉有个学生叫欧提勒士，其理想是当律师。由于欧提勒士家里很贫困，交不起学费，但又想到普罗塔哥拉的学校学习，普罗塔哥拉便同他签订了一个合同。合同规定，欧提勒士先交一半的学费，等毕业后第一次出庭胜诉，再交另一半的学费。如果官司败诉，就不用再交另一半的学费。

合同就这样签订了。然而，欧提勒士在毕业后并没有从事律师行业，所以并未交付另一半的学费。普罗塔哥拉等不及了，向欧提勒士索取学费，欧提勒士执意不给，最后只能诉诸法庭。

普罗塔哥拉对欧提勒士说："你直接交给我钱就行了，如果打官司对你没好处。如果我打赢了，根据法庭判决，你必须给我学费；如果我输了，你就打赢了，根据合同你也必须给我学费。不管是赢是输，反正你得给我学费，咱们又何必在法庭上相见呢？"

欧提勒士说："事情并不是像你这样解释的。如果打官司，你是处于不利境地的。因为我打赢了，根据法庭判决，我不需要支付学费；如果我输了，根据合同我也不需要支付学费。不管我是赢还是输，都不需要支付另一半的学费。"

普罗塔哥拉和欧提勒士的争执到底孰对孰错呢？经过认真思考之后，就能发现，其实他们两个人的解释都违反了同一律。按照同一律，在考虑该不该交学费的问题时，必须使用同一个标准。然而，两人采用了双重标准，一个是法庭判决，一个是合同效力。在论证时，他们都选择了对自己有利的标准，避开了对自己不利的标准。

因此，师生二人的说法都是诡辩。由此可见，经过学习，欧提勒士算是学到了普罗塔哥拉的精髓了。

八 员工只在单位上了一天班

张悦打算向经理请一天假，来到办公室向经理说明来意后，经理拿出一张纸，说："咱们先来算一笔账，算一下你这一天假到底从哪里出来。"

经理一边写一边说："全年一共有365天，一年有52周，一周你休息2天，这就是104天，一年还剩下261天的工作时间。"

张悦觉得经理说得有道理，便点点头。

经理又接着说："你一天工作8小时，其余16小时不在公司，这样就又用去了174天，那么一年中你在公司的时间还有87天。"

张悦总觉得哪不对劲儿，但一时之间又说不出来。这时，经理又开始说话了："你每天在公司休息30分钟，这一年下来就是23天，这样你就剩下64天的工作时间。"

"午餐时间是1个小时，这样一年下来就用去46天，你剩下的工作时间就只有18天了。"

"还有，你今年已经请过两天假了，还剩16天。"

"法定节假日是5天，你的工作时间还剩下11天。"

"今年咱们公司还放了10天的春节假期，你看看，你今年能工作的时间就只有一天了，你觉得你还要请一天假吗？"

张悦被经理说得灰头土脸，虽然总觉得不太对劲儿，但无奈说不出来哪里不对，只好默默地回去接着工作了。

在这个案例中，这位经理多次偷换"天"的概念。当他算到还剩下87天时，这个"天"的概念已经不是原来的8小时工作制的"一天"，而变成经理自己编造的在公司累计工作满24小时作为"一天"的概念。

在后面的计算中，经理又多次混淆这两种"天"的概念，最后得出员工的工作时间只有一天的结论。

九 相声中的同一律

相声与逻辑学看似八竿子打不着，其实有着很深的联系。很多相声的笑料和“包袱”就是运用逻辑学或者故意违反逻辑学原则来创造的。

同一律在相声创作中也经常被用到，譬如相声《我爱祖国》。

甲：“妈是不是母亲？”

乙：“是啊。”

甲：“祖国是不是母亲？”

乙：“是啊。”

甲：“祖国与妈哪个大？”

乙：“祖国大。”

甲：“哎，爱祖国就是爱大妈！”

这个相声的前提是正确的，“妈”是母亲，将祖国比喻为母亲也是常有的，两个词语的外壳相同，但实质不一样，甲通过“母亲”一词将两者扯到一起，偷换了概念。

甲：“你知道周瑜的母亲姓什么吗？诸葛亮的母亲呢？张飞的母亲呢？”

乙：“这些问题历史书里都没有记载，谁知道？”

甲：“我就知道。”

乙：“那你说说。”

甲：“周瑜的母亲姓纪，诸葛亮的母亲姓何。”

乙：“此话怎讲？”

甲：“《三国演义》里说过，‘既生瑜，何生亮’，纪氏生的周瑜，何氏生的诸葛亮，所以周瑜的母亲姓纪，诸葛亮的母亲姓何。”

乙：“那张飞呢？他母亲姓什么？”

甲：“姓吴。”

乙：“这又怎么说？”

甲："大家不是都说'吴氏生飞'（无事生非）吗？吴氏生的张飞，所以张飞的母亲姓吴。"

在这个相声段子中，甲把"既然"的"既"和"为何"的"何"故意曲解为"姓纪"的"纪"和"姓何"的"何"，又把"无事生非"与"吴氏生飞"两个同音词混淆起来。这是故意曲解原意，胡乱解释，以制造搞笑的效果。

相声中经常会用到这样颠倒逻辑的手法来制造"包袱"，以赢得听众的笑声。

十 "第三只手"的诡辩

某法院要审理一起盗窃案，开庭时站在被告席上的被告将双手插在衣袋里，表现得若无其事，态度十分不好。

法官看到这一情况后，立刻斥责被告："请被告尊重法庭，把手从口袋里拿出来。"

听到法官的话，这位被告仍然不为所动，一直把手插在口袋里。

法官再一次斥责被告后，被告竟回答道："这可太为难我了。我把手放在自己的口袋里，你们要我把手抽出来；而我把手放在别人的口袋里，你们又要把我送进监狱。法官先生，难道你要我把手一直举在空中不成？"

在本案例中，被告故意将"把手放在别人的口袋里"同"手伸在别人口袋里偷东西"混为一谈。他的回答违反了同一律，犯了"偷换概念"的错误。

从表面上看，"放在自己的口袋里"与"放在别人口袋里"中的"放"是相同的概念。但仔细分析会发现，被告所说的后一个"放"与前一个"放"的意义并不是相同的，实质上是触犯法律的，指的是从别人的口袋里偷东西，而不是简单意义上的"放"。

因此，看似很有道理的辩驳，其实只是一种诡辩而已。

LOGIC

第十三章

自圆其说：不能自相矛盾的矛盾律

矛盾律要求对于同一对象不能同时做出两个互相矛盾的判断，不能既肯定又否定。做人、做事、说话如果自相矛盾，会给人一种思维混乱、言行不一的印象。在日常生活中，通过观察人们自相矛盾的情况，我们可以发现很多未知的情况。

一 万能溶液用什么来存储

有一个年轻人喜欢发明创造，梦想着自己可以获得大发明家爱迪生的指导，在爱迪生的实验室里工作。他向爱迪生投了简历，爱迪生看了简历以后很感兴趣，于是约他面试。

面试时，爱迪生让年轻人自我介绍，年轻人充满信心地说："我这个人非常喜欢发明创造，我心中有一个构想，我想发明一种万能溶液，它可以溶解任何物品，只要什么东西不再需要了，就可以把它溶解，这样就可以节省清除废物耗费的人力和物力了。"

爱迪生听完之后，惊奇地问："那我想知道，你发明的这种万能溶液怎么存储和运输呢？它不是可以溶解一切物品吗？"

年轻人听了爱迪生的话后，顿时哑口无言。

年轻人刚开始非常自信，提出"发明一种万能溶液，可以溶解任何物品"，这句话就包含着不可克服的自相矛盾。既然说溶液可以溶解任何物品，那么就没有存储溶液的容器，溶液当然也就无法存在。年轻人听了爱迪生的话后才明白自己的话是自相矛盾的，所以哑口无言。

二 鳄鱼悖论

鳄鱼悖论源于古希腊的一则故事。

一位母亲带着孩子正在河边洗衣服，一条鳄鱼突然窜出来抢走了她的孩子。母亲苦苦哀求鳄鱼："我只有这么一个孩子，求求你放了他，你提出的其他任何要求我都答应你。"

鳄鱼得意扬扬地说："那好，我问你一个问题，如果你答对了，我就把孩子还给你；如果答错了，我就吃掉你的孩子。"

然后，鳄鱼提出了问题："你猜我会不会吃掉你的孩子？"

这位母亲想了一会儿，说："鳄鱼先生，我想你是要吃掉我的孩子的。"

鳄鱼冷笑一声，说："猜对了，我当然要吃掉你的孩子。不过，如果我把孩子还给你，那我就没有吃掉你的孩子，你就猜错了，那我就可以吃掉你的孩子了。"说完后，鳄鱼便准备吃掉小孩。

这位母亲大喊一声："慢着！你刚才不是说，我答对了你就不吃我的孩子吗？如果你现在吃掉我的孩子，那我就答对了，你必须把孩子还给我。"

鳄鱼一下子惊呆了，心里琢磨："是啊，如果我吃了孩子，她就答对了。不行，看来我不能吃。那我该怎么办呢？"

这时鳄鱼的心里非常矛盾，它想吃掉小孩，但是又得把孩子还给这位母亲。鳄鱼又想道："如果把孩子还给她，那么她就答错了，所以我应该吃掉小孩。"鳄鱼这样一想，坚持不把孩子还给这位母亲。

不过，这位母亲仍然坚持说："你必须把孩子还给我，如果你吃了孩子，我就说对了，你就得把孩子还给我。"

鳄鱼陷入了一个悖论之中，烦恼不已，只好把孩子还给了这位母亲。

在这个故事中，无论鳄鱼怎样做，都无法兑现自己的诺言，因为鳄鱼的诺言包含两项内容：

（1）如果母亲猜对，我就放掉小孩；

（2）如果母亲猜错，我就吃掉小孩。

母亲表达了自己的猜测之后，鳄鱼的行为只有两种选择，而这两种选择都与鳄鱼的诺言相违背。

鳄鱼的第一种选择：吃掉小孩。这种选择的结果证明母亲的猜测是正确的，按照鳄鱼的许诺，此时鳄鱼应该把小孩完好地归还，如果鳄鱼吃掉小孩，鳄鱼就违背了自己的诺言。

鳄鱼的第二种选择：放掉小孩。这种选择的结果证明母亲的猜测是错误的，按照鳄鱼的许诺，此时鳄鱼应该吃掉小孩，如果鳄鱼归还小孩，鳄鱼还是违背了自己的诺言。

在鳄鱼的许诺中，既是前提决定结果，又是结果决定前提，形成了一种自我循环，从而造成自相矛盾的局面。另一方面，母亲的回答是很聪明的，她猜测鳄鱼的行动可能会与其许诺的前提相矛盾，所以她把鳄鱼许诺的矛盾从可能性变成了现实性，最终使鳄鱼无论怎样行动都没有办法兑现自己的诺言。

如果母亲做了相反的猜测，也就是放掉孩子，那么鳄鱼就自由了，无论它怎样行动都不会违背自己的诺言：鳄鱼吃掉小孩，这个结果证明母亲猜错了，按照许诺，鳄鱼有权利吃掉小孩；当然，鳄鱼也可以归还小孩，这个结果证明妈妈猜对了，按照许诺，鳄鱼也应该把小孩放掉。

三 理发师悖论

罗素是英国著名的数学家和逻辑学家，他曾提出一个非常有趣的悖论问题。

某个村子只有一位理发师，他自己规定：“我只给那些不给自己刮胡子的人刮胡子。”那么，请问这个理发师给自己刮胡子吗？

这就是著名的理发师悖论，又称罗素悖论。

从逻辑上来看，理发师只有两个选择：要么给自己刮胡子，要么不给自己刮胡子。然而，经过分析后我们就会发现，这两种可能性都会导致逻辑矛盾。

如果理发师不给自己刮胡子，按照他自己的规定，他就应该给自己刮胡子。因为他只给不给自己刮胡子的人刮胡子，也就是说，从理发师不给自己刮胡子出发，必然推出理发师应该给自己刮胡子，这就构成了逻辑矛盾。

如果理发师给自己刮胡子，按照他自己的规定，他就应当不给自己刮胡子，也就是说，从理发师给自己刮胡子出发，必然推出理发师不能给自己刮胡子这个结论，这又是一个逻辑矛盾。

总之，这个问题的答案无论是什么都会导致矛盾。悖论是一种难以消除的逻辑矛盾，不能用普通的逻辑方法消除。

四　逻辑学悖论与爱情

在美国的普林斯顿大学，一个男生被一个漂亮的女孩深深吸引，但他非常担心这个女孩会拒绝自己，所以迟迟不敢向她表白。

一天，男生终于想到了一个认识女孩的好方法。于是，他鼓起勇气，朝正在校园里看书的女孩走过去。

男生很有礼貌地对女孩说："你好，我在这张纸条上写了一句关于你的话，如果你认为我写的是事实，希望你可以送给我一张你的照片，好吗？"

女孩一听就知道这又是一个想要追求自己的男生，她见过太多这样的追求者，每一次她都有办法摆脱，她觉得这一次应该也是如此。女孩心想，不管你写什么，只要我说不是事实，不就拒绝你了吗？

想到这里，女孩便爽快地答应了男生的请求。

男生急忙又加了一句话："如果我说的不是事实，你千万不要给我照片！"

女孩俏皮地回答道："那是自然！"

于是，男生递给女孩一张写好字的纸条。女孩信心十足地打开了纸条，但她立刻皱起了眉头，因为她无论如何也想不出拒绝男孩的方法，只好送给男生一张自己的照片。

男生到底在纸条上写了什么内容呢？实际上他写的话非常简单："你不会吻我，也不想把你的照片送给我。"

这个男生名叫罗纳德·斯穆里安，当时正在读研究生，后来他成为美国著名的逻辑学家，而那个女孩自然就成了他的妻子。

在这个案例中，女孩不管如何回答，都不能拒绝男生。女孩的回答有两种：

（1）男生说的不是事实，不把自己的照片给他；

（2）男生说的是事实，要把自己的照片给他。

在看到男生的字条之后，她面临两种选择，但都与之前的想法矛盾。

（1）她说男生说的不是事实。如果男生说的不是事实，她就等于承认"你会吻我，也想把你的照片送给我"为真；而按照男生的话，"如果我说的不是事实，你千万不要给我照片”，这两种选择相互矛盾。

（2）她说男生说的是事实。如果男生说的是事实，她就等于承认“你不会吻我，也不想把你的照片送给我”，而按照男生的话，她就应当给男生照片，这两种选择仍然相互矛盾。

也就是说，不管女孩如何回答，都会陷入一种自相矛盾的境地，所以只好“缴械投降”，同时被男生的智慧所打动。

五 濠梁之辩

惠子与庄子曾经有过一次著名的论辩——濠梁之辩。

庄子与惠子在濠梁之上游玩，庄子说：“你看那条鱼游得多么从容，这就是鱼儿的快乐啊！”

惠子说：“你又不是鱼，怎么知道鱼的快乐？”

庄子说：“你又不是我，怎么知道我不知道鱼的快乐呢？”

惠子说：“我不是你，当然不知道你的感知，你原本不是鱼，当然也不知道鱼的快乐，这是肯定的。”

庄子说：“请找到本原，你说‘你怎么知道鱼的快乐’这句话就表明，你已经知道了我的感知，然后才问我的，我就是在濠梁之上知道鱼的快乐的。”

论辩双方都在斗智斗巧，辩才均无与伦比，但各自的诡辩也是可以分析出来的。

“濠梁之辩”中，话题的焦点是“异类能不能相知”的问题。庄子根据“鱼游得从容”断定“鱼很快乐”。惠子提出“你又不是鱼”的反驳，明确表示了“你”与“鱼”是异类，不存在“相知”的问题。

庄子在说到“你又不是我”的时候就开始诡辩了，他把惠子说的异类不可以相知的“你”与“鱼”偷换成了“你”与“我”，从而把同类可以相知的“你”与“我”说成是不可以相知。因此，庄子偷换了话题，违反了同一律要求。

惠子当然不会就此认输，马上抓住话柄，提出了新的反驳：“我不是你，当然不知道你的感知，你原本不是鱼，当然也不知道鱼的快乐，这是肯定的。”虽然惠子的这个反驳使庄子陷入了困境，但他的反驳也不是无懈可击的。

从思维规律的角度来讲，惠子一方面肯定“你原本不是鱼，当然也不知道鱼的快乐，这是肯定的。”表明自己对庄子已经有所知，却又说“我不是你，当然不知道你的感知”，又承认自己不知道庄子。这样，由于他也违反了在一个论辩过程中不能对一个论题既肯定又否定的矛盾律要求，自己陷入了自相矛盾中。

六 伽利略铁球实验

伽利略通过比萨斜塔实验推翻了之前的物理学观点，当时人们普遍认为：当物体从高空下落的时候，下落速度和物体的重量成正比。物体越重，下落的速度就越快。

伽利略对此并不认同，他认为形状相同的物体下落速度应该是一样的。于是，他就在比萨斜塔上做了一个实验，让一个重的铁球和一个轻的铁球同时从塔顶上掉下去，结果两个铁球同时落地，以不可辩驳的事实证明了“物体越重下落速度越快”是错误的。

历史学家认为这个故事的真实性有待考证，伽利略是否做过这个实验并不可知。但伽利略确实推翻了原本“物体越重下落速度越快”的观念，而他运用的正是矛盾律。

伽利略在自己的书中描述了这样一个实验：假设有A、B两个物体，其中A要比B重得多。如果A和B两个物体同时从高空下落，根据原来的说法，那么A掉得快，B掉得慢，A要比B先落地。如果把A、B两个物体捆在一起，再让它们从高空下落，这时会出现什么结果呢？

按照原本的观点，因为A和B捆在一起，两者的重量相加，要比单独A的重量大，所以应该比单独的A落得还要快。这样说来，捆在一起的A和B应该比单独下落的A还要先落地。

但另一方面，因为B比A轻，下落的速度比A慢，当把B和A捆在一起时，B就会拖慢A的下落速度，所以捆在一起的A和B应该要比单独下落的A速度慢，比单独下落的A后落地。

这样一来，从原本的“物体越重下落速度越快”出发，推出了两个互相矛盾的结论。既然一个物体不可能同时比另一个物体既先落地又后落地，那么出错的只能是得出矛盾结论的前提了。因此，伽利略认为“物体越重下落速度越快”这个观点是自相矛盾的，因而是错误的。

七 包拯巧断跛子盗窃案

有一天，包拯正在伏案批阅公文，忽然门外一阵吵嚷声。只见一个小商贩扯着一个只有一只胳膊的跛子走进公堂，说要打官司。小商贩口口声声说自己的5口铁锅被这个跛子偷走了。

小商贩说：“禀告大人，我一直在做卖铁锅的生意。前天晚上，我把卖剩下的锅放在院内，没想到早晨起来一看，一下子少了5口锅！包大人，我全家就靠卖铁锅维生，这5口锅的钱我得卖半年才能赚回来，这让我以后怎么生活啊！”

小商贩说到伤心处，竟然大声哭了起来。包拯问他：“你的锅丢了，为什么笃定是他偷的呢？”

小商贩擦了擦眼泪，说道：“我的锅被偷了，我当然不甘心，昨天晚上守了一夜，下半夜小偷溜进院子，拿起铁锅就想跑，我赶紧就把他抓住了，一看才发现就是这个跛子。现在人赃并获，他还是死活不承认，请包大人做主！”

跛子跪下来，带着既气愤又悲戚的神情为自己申辩：“包大人，请您为我做主啊！这个小贩平白无故地冤枉好人。我只有一只手臂，腿又跛得厉害，走路都不太方便，哪还有力气去偷他家的大铁锅？请青天大老爷公断，还我清白！”

包拯看小商贩老实巴交，不像是在诬陷好人，但跛子说得也有几分道理，这让他十分为难。

他仔细分析了一下，最后终于想出了一个好办法。他重重地拍下惊堂木，对小商贩喝道："他手脚不便，怎么可能去偷你的锅呢？你这分明是在胡说！"

他又对跛子说："这小贩诬告你，让你蒙冤受屈，为了补偿你的名誉损失，本官决定把这一口锅赏给你，你拿走吧！"

包拯的这一判决让跛子十分高兴，他差一点儿就跳了起来。他咧着嘴，笑呵呵地走到锅前，很轻便地就用自己的一只手抓住了锅口，然后迅速地弯下腰，很轻松地把锅顶到头上，十分得意地向外走去。

包拯看到这种情形后怒气冲冠，拍了下惊堂木，怒喝道："好一个骗人的强盗！你竟敢在公堂之上编造谎言，欺骗本官！因为我不知道你是如何把锅盗走的，所以故意把锅赏给你，让你原形毕露。看来你偷盗的本事可真不小啊，赶快从实招来！"

跛子看到自己已经露出了马脚，再也不敢抵赖了，只好跪地求饶："铁锅的确是小人……小人……偷的。那些铁锅都藏在……小人家的后院稻草中。我认罪，我认罪，请大老爷饶命！"

包拯依法判决，把跛子偷去的5口铁锅归还给小商贩，又将跛子重打了30大板。小商贩连连叩谢包拯，高兴地回家了。

包拯在办理这个案子时，就运用了逻辑学的基本规律——矛盾律。当他发现双方争执不下时，想到了试探一下双方。跛子说自己只有一只手，没有办法拿锅，而当包拯诈称小商贩诬陷好人，要把铁锅赏给他时，他却表现得很善于拿锅，因此这一事实与他之前的说法自相矛盾，前后不一致。包拯正是根据这一点断定铁锅就是跛子偷的。

LOGIC

第十四章

模棱两可：不可含糊不清的排中律

任何事物在同一时间都具有或不具有某种属性，没有其他可能性。我们在判断或者表达关于某种事物的观点时，不能含糊不清，模棱两可，一定要表达出确定的观点。

一 猜匣

在莎士比亚的《威尼斯商人》中，有这样一个故事。

贝尔蒙特城有一位富家少女，名叫鲍西娅，她长得年轻貌美，德才兼备，很多富贵子弟都前来向她求婚。不过，鲍西娅的父亲在临死前留下遗嘱，规定她必须猜匣为婚，不然不能获得继承权。

鲍西娅非常乖巧，坚决地遵从父亲的遗嘱要求。

父亲为鲍西娅准备了三个匣子，它们的材质分别为金、银、铅。在这三个匣子中，只有一个匣子里放有鲍西娅的肖像。每个匣子上分别有一句话。

金匣子：肖像不在此匣中；

银匣子：肖像在金匣中；

铅匣子：肖像不在此匣中。

这三句话中只有一句是真话。

父亲在遗嘱中说，如果求婚者能够根据上面的提示信息猜中鲍西娅的肖像在哪个匣子中，鲍西娅就会嫁给他。求婚者在猜匣之前需要宣誓，如果猜不对就不能继续猜了，也不能将信息透露给别人，而且永远不能再次求婚。他这样要求的目的是缩小求婚者的范围，只保留那些真心追求鲍西娅的求婚者。

很多求婚者慕名前来，但猜了很久都无法获得答案，只能扫兴而归。那些很有自信的人虽然留了下来，但还是没有猜对。最后，一位威尼斯的青年深深地爱上了鲍西娅，他很自信地猜中了鲍西娅的肖像所在的匣子。他说：“肖像在铅匣子中。”鲍西娅一看，果然在里面。

鲍西娅非常佩服这个年轻人的智慧，按照规定，她决定嫁给他。鲍西娅很好奇这个年轻人是怎么猜出来的，便询问他。

这个年轻人笑着说：“我是根据逻辑规律来推理的。金匣子上面的话与银匣子上面的话是互相矛盾的，其中必有一句是真话。我知道这三句话中只有一句是真话，那么唯一的一句真话肯定是在金匣子或者银匣子中，铅匣子上的话就是假话了。铅匣子上的话是‘肖像不在此匣中’，它是假的，那么肖像就一定在这个匣子中。”

这个年轻人在推理过程中运用了排中律。金、银匣子上两句互相矛盾的话中必有一个为真，这是根据排中律得出的；从铅匣子上的“肖像不在此匣中”是假话，从而得出与此矛盾的话“肖像在此匣（铅匣子）中”是真话，也是依据排中律得出来的。可见，排中律在思维活动中具有十分重要的作用。

二 瞎眼的马

郑兴原办了一个农场，一天夜里，他发现农场里的一匹马消失不见了，于是赶紧报案。与此同时，他一直在农场附近寻找那匹马。警察接到报案后，赶来和他一起找马。搜索几个小时后，郑兴原终于在邻居的农场里找到了那匹马。

当他向邻居索要自己的马时，邻居却矢口否认，不承认自己偷了郑兴原的马。他说这是自己买的马，就是不肯把马交出来。

郑兴原心生一计，走上前用手遮住马的眼睛，问邻居：“如果这匹马是你的，你能说出它的哪只眼睛是瞎的吗？”

邻居想了一下，回答道：“右眼。”

郑兴原将遮住右眼的手挪开，结果发现马的右眼非常明亮，很有神采。

邻居急忙改口说：“对不起，我弄错了，是左眼。”

郑兴原把遮住左眼的手挪开，结果发现马的左眼也很正常。

“糟糕，我又错了。”邻居有些懊悔地说。

警察在一旁看了一会儿，对那位邻居说：“行了，这已经证明这匹马不是你的了。郑兴原先生，你可以把马牵走了。这位先生，麻烦你跟我到警察局走一趟吧，把偷马的事情交代一下。”

郑兴原非常聪明，他只用一句话就使偷马的邻居露出了马脚。

“这匹马的哪一只眼睛是瞎的？”是一句复杂问语，在这个问语中隐含着这样一个命题：“这匹马有一只眼睛是瞎的。”邻居是半夜偷马，没有注意这匹马的眼睛瞎不瞎。当他听了郑兴原的问话后，马上从话中意识到“这匹马有一只眼睛是瞎的，要么是左眼瞎，要么是右眼瞎，因此胡乱说“右眼是瞎的”。邻居认为有50%的概率答对，即使答错了也不要紧，可以说记错了。殊不知马的眼睛都不瞎，这是郑兴原设下的“圈套”。警察据此判断这匹马是郑兴原的。

三 蝙蝠是鸟，还是兽

凤凰是“百鸟之王”，当它过生日时，所有鸟类都带着礼物去祝寿，但蝙蝠没去。凤凰很不高兴，事后责怪蝙蝠：“我过生日，别的鸟都来了，为什么你不来？你是不是不把本王放在眼里？”

蝙蝠急忙说：“不是的，你看，我有脚，能走，是兽类，不是鸟类，不属于你管的，所以我就不应该去凑热闹给你祝寿了。”

凤凰听到它这样说，也就无话可说了。

过了一阵子，兽类霸主麒麟过生日，所有兽类前去祝寿，蝙蝠还是没有去。麒麟知道后很生气，特意找到蝙蝠，质问他：“我过生日，所有兽类都来祝寿，为什么你没有来？你到底是什么意思？”

蝙蝠说：“我有翅膀，能在天上飞，我是鸟类，不归你管，所以我就不应该去凑热闹给你祝寿。”

有一次，凤凰和麒麟在一起聊天，谈到蝙蝠的事情，他们都摇头叹气：“蝙蝠可真是世界上最奸猾的东西了。”

蝙蝠对凤凰说“我不是鸟，我是兽”，又对麒麟说“我不是兽，我是鸟”。按照它的话来说：我既是鸟又是兽；我既不是鸟，也不是兽。

对于蝙蝠来说，它要么是鸟，要么是兽，只能是其中一种类型。蝙蝠为了逃避祝寿，模棱两可，说自己亦鸟亦兽，又说自己非鸟非兽，这就违反了逻辑学中的排中律。

四 鲁迅立论

鲁迅在杂文《立论》中描写了一类违反排中律的人物画像。

我梦见自己正在小学校的讲堂上预备作文，向老师请教立论的方法。

“难！”老师从眼镜圈外斜射出眼光来，看着我，说：“我告诉你一件事——

“一家人家生了一个男孩，合家高兴透顶了。满月的时候，抱出来给客人看，大概自然是想得一点好兆头。

“一个人说：‘这孩子将来要发财的’。他于是得到一番感谢。

“一个人说：‘这孩子将来要做官的’。他于是收回几句恭维。

“一个人说：‘这孩子将来是要死的’。他于是得到一顿大家合力的痛打。

“说要死的必然，说富贵的说慌。但说谎的得好报，说必然的遭打。你……”

“我愿意既不说谎，也不遭打。那么，老师，我得怎么说呢？”

“那么，你得说：‘啊呀！这孩子呵！您瞧！多么……阿唷！哈哈！Hehe！He，he he he he！’”

鲁迅先生的这篇杂文生动地刻画出了不表明态度、模棱两可的人物形象。关于说谎还是不说谎，其实只有两种选择，但这两种选择都有问题：说谎不好，因为它是不诚实的表现，会导致内心不安；不说谎也不好，讲真话让人不痛快。

因此，文章中的人只能选择“既不愿意说谎，也不愿意不说谎”这种违反排中律的表达方式。老师对他提出的这种看法采用了含糊其词的做法，用“啊呀！这孩子呵！您瞧！多么……阿唷！哈哈！Hehe！he，he he he he！”来耍滑头，避免明确表态，这也是违反排中律的表现。

五 抓阄定生死

从前，一个国王手下有两个大臣，一好一坏。那个坏大臣为了独自掌握官宦权力，总想找机会害死好大臣。

有一天，他在国王面前说了很多关于好大臣的坏话，国王偏听偏信，非常愤怒，想要处死好大臣。但又考虑到好大臣的功绩和影响，决定给好大臣一个机会，让他用抓阄的方法决定自己的生死。

方法是：在一个不透明的盒子里放置两个分别写上“生”与“死”的阄，由好大臣随意抓取一个阄，抓到“生”就活，抓到“死”就死。

当天夜里，坏大臣逼迫那个做阄的人将“生”字改成了“死”字，这样一来两个阄上都写着“死”字，好大臣无论抓哪个阄都逃脱不了被处死的命运。

坏大臣走后，那个做阄的人为好大臣的命运担忧，于是悄悄地给好大臣送信，告诉了他这个情况，让他自己想办法。

好大臣心生一计，当第二天抓阄的时候，他抓完阄立刻将阄吞了下去，结果免于一死。

为什么好大臣这样做可以免于一死呢？

因为国王知道盒子里只有“生”与“死”两个阄，根据排中律的要求，两个互相矛盾的命题不可能同时为假，在国王看来，这两个阄不可能同时为“死”。好大臣抓完阄就吞了下去，国王无从知晓，只能通过看剩下的阄来推断好大臣抓到的阄。国王一看，既然只有一“生”一“死”两个阄，剩下的是“死”，好大臣抓到的肯定就是“生”了。于是，他按照之前的命令把好大臣赦免了。

六 珠宝店的窃贼

某城市中的一家珠宝店突遭盗贼闯入，店内的一颗珍贵的钻石被盗贼偷走。经过三个月的调查研究，办案民警基本确定了嫌疑人的范围，作案人是甲、乙、丙、丁这四个人中的某一个人。

于是，这四个人作为重大嫌疑人被问讯。在问讯时，这四个人的口供如下所属。

甲说："那一天我不可能去作案。"

乙说："丁就是罪犯。"

丙说："乙是盗窃这块钻石的罪犯，三天前他在黑市上卖了一块钻石。"

丁说："乙同我有私仇，有意诬陷我。"

这四个人的话不一致，导致案子一时之间难以侦破。

其实，这四个人中只有一个人说了实话，那么请问：罪犯是谁？

如果这四个人中只有一个人说真话，那么这个案子里的罪犯是甲。

这四个人的口供实际上是这样的四句话：

甲：我不是罪犯；

乙：丁是罪犯；

丙：乙是罪犯；

丁：我不是罪犯。

在这里，乙与丁所说的话是互相矛盾的两个命题。

排中律指出：两个互相矛盾的命题，不能同时为假，其中必有一个为真。又根据第一个假定，四个人中只有一个人说真话，因此说真话的或者是乙，或者是丁。甲和丙说的必定是假话。丙说假话，只能证明乙不是罪犯；而甲说假话，则正好表明他是这个案子中的罪犯。

七　成材与不成材

庄子是战国时期的著名思想家，他经常带领学生周游列国，宣传他的思想。一天，他和学生们走到一片树林之中，看见伐木人正在砍伐树木。树林中有一棵树特别高大，枝繁叶茂，给一大片土地提供了阴凉。然而，伐木人没有砍掉它，而是把它周围的树木都砍掉了。

庄子感到十分奇怪，就问伐木人："你们为什么不砍掉这棵大树呢？"

伐木人回答道："这棵树虽然看起来挺茂盛，但长得七歪八扭的，有很多树疙瘩，不能做栋梁，也不能做板材，我们费那么大力气砍掉它有什么用？"

庄子听了十分感慨，转过身来对他的学生说："大家都看到了吧，那些树由于长得直，成了材，都被砍掉了；这棵大树由于不成材，反而不被人砍伐，能够享其天年。弟子们，你们千万要记住这件事。"

弟子们齐声回答："老师放心，我们记住了！"

走出树林后，翻过一座山岗，师生们看到前面有一户人家，就前去投宿。

主人看见大学问家庄子亲临，大喜过望，让出最好的房子给师生们休息，并特意宰了一只肥鹅款待。宰鹅的时候，主人的儿子问："宰哪只鹅？"主人答道："当然宰那只不会叫的。养鹅是为了防盗，那只鹅不会叫，没有用处，不成材，留着它干什么？"

庄子听了，又有些感慨，他对学生们说："处处留心皆学问啊！你们看到了吧，那些会叫的鹅，由于成材，因此被留了下来；这只鹅由于不会叫，不成材，所以被杀掉了。弟子们，你们一定要记住这件事。"

弟子们答道："老师说得有道理，我们记住了。"

这时，一个学生问庄子："老师，我有一个问题。"

"说吧！"庄子痛快地回应道。

"那棵大树由于不成材，反而得以享天年；这只肥鹅却因为不成材而被宰杀。那么对于我们做人来说，到底是应该成材，还是不该成材？"

"问得好！"庄子嘴上说问得好，心里却迷糊了："这个问题可真是棘手，该怎么回答才好呢？"

"这个——做人嘛，当然喽，首先，我不主张成材。你看那些树木，不都是由于成材被砍伐的吗？但是，我也不主张不成材。不成材怎么可以呢？这只鹅不就是由于不成材而被宰了吗？"

"老师，我没有听清楚，我是想知道：人到底是应该成材还是不成材？"

"我是说呀，做人嘛，不要成材，也不要不成材。要在成材与不成材之间，找一个‘既不是成材，又不是不成材’的地方。哈哈……哈哈……”学生们越听越糊涂，丈二和尚摸不着头脑。

庄子对树“成材”与鹅“不成材”的同时否定，并不违反逻辑规律。这是因为在论及树与鹅成材与否的问题时，并不是同一思维过程。庄子对树“成材”与鹅“不成材”的论述虽然是矛盾关系，但是针对不同的思维对象，是不同的思维过程，排中律对此不起作用。因此，同时否定树“成材”与鹅“不成材”在逻辑上并没有不成立的理由。

但是，对做人“成材”与“不成材”的同时否定就违反了排中律的逻辑要求，犯了“模棱两可”的逻辑错误。因为在论及做人是否应该成材的问题时，是处于同一思维过程中，按照排中律的要求，对两个互相矛盾的思想必须明确肯定其中之一是真的，不能对两者同时否定，他却对做人“成材”与“不成材”这两个有矛盾关系的命题同时否定，这自然和排中律的要求相悖。

八 伤风的兔子

狮王指定熊、猴子和兔子做它的大臣。后来，狮王想把它们吃掉，但必须找个借口才行。因此，狮王就把这三个大臣招来，对它们说：“你们当我的大臣已久，我现在需要测验一下，看你们当了高官以后有没有腐败。”

说完，狮子张开血盆大口，要熊说出他嘴里的气味如何。

熊很直率地说：“大王，你嘴里的气味很不好闻。”

“你犯了叛逆罪！”狮王怒吼道，“你竟敢当面毁谤国王。犯叛逆罪的应处以死刑！”说罢，狮王就扑到熊的身上，把它咬死并吃掉了。

接着，狮王又问猴子：“我嘴里发出的是什么气味？”猴子亲眼看到熊的下场，连忙回答道：“大王，这气味很香，就跟上等香水一样好闻。”

“你是个又会撒谎又会拍马屁的家伙！”狮王怒吼道，“我是爱吃肉的，谁都知道我嘴里发出来的只能是臭味。凡是不诚实的、爱拍马屁的大臣，都是国家的祸根，绝对不能留下！”说着，狮王又扑到猴子身上把它吃了。

最后，狮王对兔子说：“聪明的兔子，我嘴里发出来的到底是什么气味？”

“真是抱歉，大王！”兔子回答道，“我最近伤风，鼻子都塞住了。你能不能让我回家休息几天，等我伤风好了再说？因为只有到那个时候我的鼻子才管用，才能说出您嘴里发出来的是什么气味。”狮王没有办法，只好放兔子回家。不用说，兔子乘此机会逃之夭夭，一去不复返了。

“狮子嘴里的气味是臭味”与“狮子嘴里的气味不是臭味”是两个互相矛盾的判断。“是臭味”为真，则“不是臭味”为假；“不是臭味”为真，则“是臭味”为假。排中律要求必须肯定一个，否定另一个，不能都否定。

熊肯定“是臭味”为真，结果被狮王吃掉；猴子肯定“不是臭味”为假，结果也被狮王吃掉。这样，兔子就处于十分困难和危险的境地。因为兔子如果还像熊或猴子那样回答，必然会招来杀身之祸。鉴于这种情况，机智的兔子避开了“是”或“否”的正面回答，而是采用了另外的回答方式：我伤风了，鼻子不灵，等伤风好了再说，从而使狮王的诡计落空。

由于兔子并没有对两个矛盾的判断同时加以否定，所以不能说兔子的回答违反了排中律。真正违反排中律的，恰恰是蛮不讲理的狮子。因为它对“说话应当诚实”和“说话不应当诚实”这两个矛盾判断都否定了，即诚实不行，不诚实也不行。兔子面对这样一个暴虐凶残、以强凌弱的狮王，只能略施小计逃跑了。

LOGIC

第十五章

搞笑逻辑：幽默中的逻辑学

笑话、相声等往往蕴含着逻辑学知识。不过，它们之所以使人捧腹大笑，一般是通过歪曲或者曲解逻辑学观点，造成冲突或者不和谐来制造笑料的。

一 秀才与算命先生

从前，有三个秀才进京赶考，半路上遇到一位算命先生。算命先生自称“活神仙”，秀才赶忙前去问道：“您给算上一卦，我们三人能考中几个人？”

算命先生闭上眼睛掐算了一番，然后竖起一根手指。三个秀才不明白这是什么意思，请求他说得明白一些。算命先生说：“天机不可泄露，以后你们自然会知道的。”

应考之后，三个秀才只有一人考中。考中的秀才特地来酬谢，一见面就夸奖算命先生：“先生真是料事如神啊，果然是活神仙！”这个秀才还学着算命先生的模样竖起一根手指，说：“确实只中了一个。”

秀才走后，算命先生的老婆问他：“你怎么算得这么准？”

算命先生哈哈一笑，回答道：“你不知道了吧？竖一根手指，表达的意思可不止一种。假如三个人全落榜，那就是‘一律落榜’；假如全考中，那就是‘一律考中’；假如考中一人，那就是‘一人考中’；假如考中两人，那就是‘一人落榜’。不管哪一种情况，我都算对了啊！”

一词多义会带来含义模糊不清的问题，假如有人故意将语言造成模糊不清的效果，就会产生谬误，进而达到自己的目的，这在本质上违反了同一律的规则。算命先生充分利用了一词多义的特点来忽悠秀才，“一”既可以表示“一律”，也可以表示“一人”。

二 公鸡夫人的孩子

某学院的一名学生第一次陪外宾共餐，没想到就遇到了翻译上的麻烦。一个外宾指着盘子里的菜，问：“这是什么？”

学生一看，这是几个去了壳的鸡蛋，经过厨师的处理，金黄透亮，香气四溢。看来这个菜的样式把鸡蛋的外形掩盖住了，外宾都不知道这是鸡蛋了。

学生打算告诉外宾这是鸡蛋，谁知因为是第一次和外宾共餐，心中紧张，突然忘了“鸡蛋”用英语怎么说。

为了不至于引起尴尬，他灵机一动，说道：“这是公鸡夫人的孩子。”外宾刚开始愣了一下，然后反应过来，捧腹大笑，说：“说得好，生动、幽默！”

“公鸡夫人的孩子”这个词语不仅缓解了这位学生忘记“鸡蛋”这个词语的尴尬，还表现了他的幽默才智。运用不同词语来表达同一概念，可以使话语诙谐幽默、委婉生动，在人际交往时运用会非常受欢迎。

某银行规定职员不能留长发，否则会给顾客留下散漫和颓废等不专业的印象，影响银行的声誉。

有一天，该银行的经理和人事部主任约见几位面试合格的考生，发现其中有人留着长发。考生们见人事部主任的头发很短，心里惴惴不安，生怕自己会落选。

出乎意料的是，人事部主任在致辞时说道：“大家好，咱们这个银行对于头发长短历来是持豁达的态度……”

那些留着长发的男子不禁鼓掌称快，然而人事部主任接着说道：“大家的头发留多长都可以，只要保证头发长度在我和经理的头发长度之间就好了。”

这时，所有考生都把目光转向银行经理。只见这位经理面带笑容，慢慢地摘下帽子，露出一个光头。考生们一看，都不约而同地笑了起来。

很显然，人事部主任委婉地表达了银行对职员头发长短的严格要求，这也是不同词语表达同一概念的妙用。

三　自投罗网

一天傍晚，交警在一条新开通的隧道出口处迎接驶来的第1000辆汽车。此举是为了代表市政府奖励该驾驶员1000元钱，并送上一枚纪念章，以对隧道的开通表示纪念。

第1000辆汽车驶来，交警按照程序把1000元现金和纪念章交给司机，顺便问了一句："恭喜你获得1000元钱，你打算如何使用这笔钱呢？"

司机脱口而出："我打算用它买一个驾驶执照。"

坐在一旁的妻子赶忙解释道："警察同志，我的丈夫喝醉酒了，总喜欢胡言乱语，不要听他的，我们打算拿这1000元钱……"

妻子的话还没说完，坐在后排、耳朵不太好使的母亲大声说道："儿子，这是怎么了？不会是出事了吧？我早就说过，偷来的车跑不了多远就会被交警抓住的。"

人们在交际过程中使用的语言是非常复杂的，在特定的语境中，一个语句的背后往往隐含着许多潜台词，这就形成了隐含命题。有的隐含命题是某些人有意利用一些比较含蓄的语句来表达的，而有的则是人们在无意间表达出来的。前者属于一种表达艺术，后者则是表达上的失误。

在这个笑话中，司机本不愿意说自己是无照驾驶，但他的话隐含了这一命题；他的妻子本来是想为他开脱，不料说出的话又隐含了另一个她不想表达的命题，即其丈夫是酒后开车；司机的母亲本想责备儿子几句，但她的话里又隐含了一个交警本来不知道的命题，即汽车是偷来的。

很显然，这三个隐含命题都是说话者由于失误引起的。根据这三个隐含命题，司机不仅要接受罚款，还要被送进监狱。

四 近视眼拼眼力

吴山、李竹和王武都高度近视，但他们互相不服气，都吹嘘自己的眼神比别人的好。争执不下，最后三人决定到寺庙前进行一次比赛，看谁的眼神最好。

寺庙大门要悬挂牌匾，三人商定，第二天早晨在离寺庙大门100步远的地方，都看新挂的牌匾上的字，看谁看得最清楚，谁输了就要请另外两人吃饭。

其实大家都知道自己有几斤几两，于是他们陆续都偷着找到寺庙里的和尚，打听第二天的牌匾是什么，打听清楚了以后才回去睡觉。

第二天一大早，这三个人都胸有成竹地来到寺庙前，比赛正式开始。

吴山抢先说道："你们看到没有，匾上写着四个大字'正大光明'，怎么样，我的眼力好吧？"

"这有什么？我除了看见'正大光明'四个字外，还能看到匾额上的字的颜色，你知道吗？"李竹轻蔑地说道。

吴山一时间说不出话来，因为他竟然忘了问字的颜色了。

李竹趾高气扬地说："说不出来了吧？我告诉你，是黑底金字！怎么样吴山，你以后就不要再夸自己的眼神好了。"

王武这时沉不住气了，说："你们能看见匾额上的大字和颜色就这么神气了啊，这算什么本事？看来你们是不知道吧，匾额上4个大字的旁边还有一行小字，我问你们，你们谁看得清？"

王武的问题把吴山和李竹都难住了。

王武见难住了他们俩，高兴地说："我告诉你们吧，那行小字写的是某年某月某人题。怎么样？还是我的眼力好吧？你们两位出钱请客吧！"

然而，另外两人还是不服，最终他们三人闹到寺庙，请寺庙住持评理。寺庙住持笑了笑，说："你们三个还是不要再争了，匾额还没挂上去呢！"

命题的真实与否很重要，如果命题不符合实际，就会出现问题。这三个人之所以出洋相，就是因为他们运用的都是虚假命题，没有正确地反映事物情况。

五 阿凡提剃眉毛

有一天，阿凡提给一个财主理发。这个财主十分吝啬，几乎每次理发都不付钱。阿凡提对此早就耿耿于怀，这一次他决定要狠狠地惩罚他。

阿凡提给财主剃完头发后为他刮脸，这时他问道："老爷，您要眉毛吗？"

财主心里想："人哪有不要眉毛的，这还用问吗？"随即说道："当然要了，这还用问我吗？"

"好嘞！"说完阿凡提就麻利地将财主的眉毛刮下来，并递到财主手里。

财主见自己的眉毛被刮下来，对阿凡提吼道："阿凡提，你怎么把我的眉毛刮下来啦！”

阿凡提冷静地回答道：“老爷，您不是要眉毛吗？您瞧，我把它刮下来，规规矩矩地递给您，这有什么错误吗？”

财主无话可说，只好让阿凡提继续刮脸。阿凡提又问道：“老爷，您要胡子吗？”

财主吃了一次亏，于是连忙说：“不要！一根也不要！”

“好，不要就不要。”阿凡提说着便将财主的胡子全刮下来扔在地上。

财主理完发一照镜子，发现自己的胡子也没了，整个脑袋就跟个大肉球似的，顿时暴跳如雷，怒吼道：“阿凡提，你怎么把我的胡子也刮下来了？”

阿凡提不慌不忙地说道：“尊敬的老爷，我这是按您的吩咐做的啊，您说不要胡子，一根也不要。您瞧，我就把它们全刮下来扔到地上了。”

财主气得目瞪口呆，却无话可说。

阿凡提问“要眉毛吗”，财主以为是“眉毛要留在脸上吗”，所以回答“要”，但阿凡提故意说“脸上不要，手里要”；后来阿凡提又问“要胡子吗”，财主这次长了心眼，连说“不要”，意思是指“手里不要”，阿凡提便偷换成“嘴上不要”。不管财主如何回答，都不能摆脱被阿凡提戏弄的命运。很明显，阿凡提戏弄财主靠的是偷换概念的把戏。

六 鸡蛋生出黄金

从前，有一户人家非常贫穷，经常吃了上顿没下顿。有一天，丈夫捡到一个鸡蛋，赶忙飞奔回家，兴奋地对妻子说：“我们有家当了！我们有家当了！”

妻子见他如此兴奋，连忙问道：“家当在哪儿？”

丈夫拿出鸡蛋在妻子眼前晃了晃，自豪地说：“这就是！”

接着，丈夫扳起手指给妻子算了起来。

“你看吧，我拿这个鸡蛋去借邻居家的一只母鸡孵出一个小鸡来。等小鸡长大后，每个月就可以下15个鸡蛋，然后孵出更多的小鸡，鸡再生蛋，蛋再孵鸡。不久我们就可以得到300只鸡，能卖到10两黄金。到时候我们再用10两黄金买5头牛，很快就能养到150头，这样就可以卖出300两黄金。我用这些黄金放债，不到5年，连本带利就能得到500两黄金。这么多黄金，我就可以用其中三分之二买房置地，再用三分之一买奴婢，还能娶个小老婆，这样我们就能过上神仙般的日子了。”

本来妻子也正在憧憬以后的美好生活，然而一听到丈夫说要娶小老婆，顿时火冒三丈，一怒之下就把鸡蛋摔碎了。

从一个鸡蛋到500两黄金，这么巨大的变化是如何完成的，其间要经历多少变故，没有人能够预测到。丈夫拿到一个鸡蛋后就开始幻想，把一个特别渺茫的幻想当作一个必然事件，一步步地推出更加美好的前景。然而，这种一厢情愿的事情是不符合逻辑的，只符合人的主观意愿而已。设想很完美，成功却很渺茫，这其实就是在忽悠自己。

七 课堂上的小笑话

一位中学老师正在为学生们讲述中国古代史，他向某学生提出一个问题：“你是怎样认识秦始皇的？”

这位学生站了起来，说：“老师，我不认识秦始皇。”

全班同学哄堂大笑，老师也被弄得哭笑不得。

老师所说的“认识”的含义是“评价”或“理解”，老师是想让学生表达它对秦始皇这位历史人物的看法。学生所理解的“认识”一词是“亲眼见到”或“当面交流过”。很明显，学生的回答犯了“混淆概念”的逻辑错误。

在电影《心急吃不了热豆腐》中有这样一个场景：

一个小学生因为晚上经常偷着玩游戏，所以晚上睡不好，白天上课没有精神，趴在课桌上睡觉。

音乐老师正在教大家唱一首儿歌《蜗牛与黄鹂鸟》，教了一遍后，准备选两位同学到讲台上带头唱。

老师点名一位女学生上讲台，然后就看到了睡觉的学生。老师指责他上课睡觉，并问他“你学会这首歌了吗”，他迷迷糊糊地说“学会了”。于是，老师让他到讲台上一起唱。

老师做好了准备工作，对女学生说“你唱第一句”，对睡觉的学生说“你唱后仨字”。

音乐声响起，女学生唱了一句“阿门阿前一颗葡萄树——”

“后仨字——”这位学生唱道。

全班同学哄堂大笑。

老师所说的“后仨字”指的是让学生唱歌词中的最后三个字，而学生由于迷迷糊糊，误解为唱“后仨字”这三个字，因此闹出了笑话，他这是犯了“混淆概念”的逻辑错误。

有个脑筋急转弯与这个笑话有异曲同工之妙。

问：《新华字典》有几个字？

很多人可能会纳闷：我怎么知道有几个字，那么多字能数得过来吗？

看到答案后才知道，原来答案是：四个字——新、华、字、典。

八 我现在知道什么是牛奶了

两个人在饭店里吃饭，其中一个人是盲人。

眼睛正常的人对盲人说：“你想喝牛奶吗？”

盲人问：“什么是牛奶？”

“是一种白色的液体。”

“哦，那么白色是什么？”

“嗯——比如，天鹅就是白色的。”

“什么是天鹅呢？”

“天鹅？就是那种脖子又长又弯的鸟。”

“弯是什么？”

“这样吧，我把我的胳膊弯起来，你来摸摸就知道什么是弯了。”

盲人小心翼翼地摸到另一个人弯曲的胳膊，兴奋地喊道：“我现在知道什么是牛奶了！”

盲人从摸到另一个人的胳膊之后，就做出了知道了牛奶是什么样子的结论。按照盲人的逻辑，他摸到那个人的胳膊，就知道什么是弯了；知道什么是弯了，就意味着知道天鹅是什么样子了；知道天鹅什么样子了，也就意味着知道白色是什么样子了；知道白色是什么样子以后，也就知道牛奶是什么了。

虽然盲人所做的推理是有事实依据的，但盲人大多数并不知道那些事实是什么样子，只能通过猜测。前者是后者的必要条件，只知道前者是推不出后者的。例如，牛奶是一种白色的液体，由于另一个人是正常视力，所以一眼就能看到，而盲人是看不到的，只能通过白色液体来形容，等于没有形容。白色液体是牛奶的必要条件，而不是充分条件，所以根据白色液体是推不出牛奶这一概念的，盲人的错误在于此。他所记下来的任何一个概念都是后一个概念的必要条件，而无法获得后者真正的印象。

九 喷嚏与情绪

阿雷是一个20岁出头的年轻人，一天，他的好朋友见他非常高兴，就问他原因。

“我喜欢上一个非常漂亮的女生。”

“她叫什么名字啊？”好朋友对这个很好奇，便问他。

“阿倩！”阿雷一下子打了个喷嚏。

“呵呵，是谁想你了啊？”朋友见他打了个喷嚏，就开玩笑地说了一句。

“阿倩！”

“什么？阿倩？得，以后你就在呼唤她名字的时候享受她对你的思念吧！”朋友接着说：“不过，看名字就觉得这个人一定长得漂亮，不然怎么对得起这个名字呢？”阿雷对此不置可否。

阿雷对戏剧很感兴趣，报名参加了一个兴趣培训班。老师讲了情绪带入的方法，他尝试使用从微小事物带入情绪记忆的方法，结果仍然不行。他喜欢阿倩，所以把戏剧里的人物变成阿倩，以为这样可以煽动自己的情绪。

戏剧剧情是这样的：女主角忍不了男主角的小气，不辞而别了。男主角伤心地呼唤着女主角的名字。

“阿倩，难道我的小气是你离开的原因吗？如果我改正的话，你还愿意回到我身边吗？阿倩，回答我啊！阿倩！阿倩！阿倩！”

最后一连三次“阿倩”的呼唤为的是表达男主角的后悔与悲痛，但阿雷并没有这样的情绪，说了几次还是没有感觉。

隔壁的两个人讨论起来：“我原本以为他说得会很完美呢，哎，可惜我在这儿忍了好几十遍‘阿倩’地叫嚷了。”

“是啊，我的耳朵都快磨出茧子了。他的嗓子都喊哑了，那种悲痛的感觉我想今晚咱们是听不到了。”

……

……

说了好长时间，仍然没有进展，阿雷累了。

窗户开着，一阵凉风吹来，他哆嗦了一下，喷嚏和眼泪一起涌来：“阿倩！阿倩！阿倩！”那尾音颤抖着，与那悲痛真是贴合得天衣无缝！

那两个人猛地一惊，双双竖起大拇指：“这回够味儿了，情绪带入真是绝妙得很啊！”

这个幽默笑话将人的生理反应打喷嚏所产生的声音与呼唤“阿倩”的情绪通过某种联系联结在一起，从而塑造了笑料。

喜欢学戏剧的男主人公不管多么努力，都不能表达出应该有的悲伤情绪，但通过不经意的喷嚏产生了神奇般的效果，令旁边的“听众”由衷赞叹，究其原因是女主人公的名字与打喷嚏的声音有一种相似的谐音效果。

“阿倩”这个名字和打喷嚏的声音本不是同一个事物，就连本质都不一样，但“听众”还是听错了，错误地以为男主人公突然领悟戏剧精神，纷纷竖起大拇指赞叹，真是外行人的滑稽啊！

十 千里之行，始于足下

下面是一小段相声剧本。

甲：千里之行，始于足下……

乙：这说的是走一千里路，是从迈第一步开始的，比喻事情是从头做起，逐步进行的。再艰难的事情，只要坚持不懈地行动，必有所成。

甲：（目瞪口呆状，鼓掌）哎呀哎呀哎呀，哎——呀——你踩我脚干吗？

乙：可不是你让我踩的嘛！闹这个怪声，让我深恶痛绝，我也得让你深有痛觉，哼！

甲：就刚才你对“千里之行，始于足下”的解释，我不敢苟同啊！

乙：怎么个意思？请问你有何高见？

甲：其实这句话表达的是对兄弟的不舍之情。

乙：这从何说起呢？

甲：所谓国学博大精深，你怎么能把这句话解释得这么肤浅呢？你都不知道“千里之行，始于足下”的含义，这古书里的一句名句你都不晓得，何谈博学多才？而我则不然，我已经从这句话里悟透了一点儿东西。

乙：啊，什么？

甲：这句话表达的是对兄弟的不舍之情。

乙：这句话你刚才说过了。你给具体解释解释。

甲：（激动，兴奋，笑）好！我就给你解释解释啊！这个含义你可能从小到大就没听说过。

乙：嗯，我孤陋寡闻了。请赐教！

甲：我给你展现一个大场景：两位知己推杯进盏，相谈甚欢。其中一个人是要进京赶考之人，第二天一大早就要出发。两人执手相诉，其中一个人对另一个人流着泪说道："千里之行，始于足下。"

乙：这怎么说的是兄弟不舍之情呢？这明明就是一个人对另一个人的鼓励嘛！让他好好努力，一步一步地学习知识，就算这次不中，还有的是机会。这还是说的坚持和积累嘛！

甲：否也，否也。你可忘了"足下"的意思了？

乙：哦，对了，足下是对对方的尊称。

甲：可不就是嘛！"千里之行，始于足下"，意思是说：我就要离开了，我之后要行走一千里地，就从你这里开始。（表演流泪不舍状）

乙：（同样表演不舍之情）走走，能走多远走多远！

这个相声表现的是两个人对于"千里之行，始于足下"的不同理解。当然，只要学过古文就明白第一个人说的才是正确的，那第二个人为什么会得出另一种令人啼笑皆非的解释呢？

那就是第二个人把"足下"的意思从"千里之行，始于足下"中单独拆分出来进行解释，然后把关于"足下"的解释直接套到"千里之行，始于足下"的解释中。

"足下"是对对方的尊称，也可以理解为"脚下"，甲将"足下"在成语中原本的意思有意地改成更复杂的意思，只是为了显摆自己对古汉语文化的了解，却犯了"偷换概念"的逻辑错误。

十一 巴尔扎克的预见

法国著名作家巴尔扎克曾对他的朋友们说，他能够根据一个人的笔迹准确无误地判断出这个人的性格，并预见到此人将来是否有所作为。

有一天，一位老妇人拿来一个小学生的作业本，对巴尔扎克说："请您告诉我，亲爱的大师，这个孩子以后有没有出息？"

巴尔扎克仔细端详了孩子的作业本，几分钟以后，他问："您是这个孩子的母亲，还是他的亲戚？"

老妇人说："什么也不是，大师，你不妨照实说吧！"

巴尔扎克说："那好，我给您实说吧。这个孩子是个生性轻浮、反应迟钝的人，他必将一事无成。"

老妇人说："亲爱的大师，难道您不认识自己的笔记了吗？这是您上小学时写的啊！"

在这个故事中，大作家巴尔扎克用于判断一个人的性格并预见其是否有作为的理由很显然是不充足的，违反了充足理由律。

充足理由律的要求可以归结为两条：一是理由必须真实，二是理由与推断之间要有逻辑联系，从理由可以推出所要确定为真的判断。违反第一条要求，就会犯"理由虚假"的谬误；违反第二条要求，就会犯"推不出"的谬误。

巴尔扎克就是犯了"推不出"的逻辑谬误。虽然他的确能够判断一个人的笔记如何，但由此是不能推出此人性格怎样的，更不会推出此人将来如何。他根据自己上小学时的笔迹对自己的性格和未来进行断定的结果，就能很好地说明这一点。

充足理由律的主要作用在于保证思维的论证性，只有具有论证性，人们说的话和写的文章才能具有说服力，使人心悦诚服。

十二 糟糕的火警电话

"救火！救火！"电话里传来焦急的呼救声。

"在哪里？"消防队的接线员问道。

“在我家！”

“我是问着火的地点在哪里！”接线员纠正道。

“在厨房！”

“我是问我们怎么去你家！”

“你们不是有消防车吗？开着消防车来我家啊！”

“我是问我们怎么开到你家去？”接线员有些生气了。

报警人的火气更大，吼道：“难道你们没有司机？”

这个笑话反映的是人与人之间不得要领的沟通，这种问题的产生涉及沟通交际中的语言环境问题。

人与人沟通交际，都是特定的人在特定的时间、地点，以及交际双方共同具有的知识基础上通过语言来完成的，这就是语言环境，即语境。所有在特定语境完成的言语行为，都有一个说话者如何表达与听话者如何理解的问题，也有交际成功的等级问题。

说话者在表达时，其目的在于通过所表达的思想能够对听话者产生一定的影响和效果。不过，语言的表达有时会出现歧义，从而造成误解，这时就需要语境限制语义，消除误解。

具体的语境是独一无二的，在具体的语境中，一些含糊的语言可以变成有独特意义的语言。

在“如何救火”这个话题中，报警人忘记了此时的呼救语境，在时间最急迫的时候纠缠在句子的另一个语义解释上，其应答不得要领。接线员也没有在报警人如此“不开窍”的情况下及时调整问话方式，从而使这种不得要领的问答方式一直持续下去。因此，从沟通交际成功具有的等级性问题上来看，由语言的表达歧义所造成的误解是最糟糕的理解。

LOGIC

第十六章

实用逻辑：生活中的逻辑学

逻辑学是一门深奥的学问，同时又是生活中对我们影响最大的一门学问。不管是人际交往、学习、工作，还是娱乐、辩论，逻辑学的深刻影响无处不在。逻辑学不是枯燥的理论，而是实用的工具，它能强化我们的思维能力，帮助我们理顺生活中的一团团乱麻。

一 变应原到底在哪里

有个美国小伙子经常出现食物过敏反应，经过检查发现他对花生过敏。医生要求他严格脱离变应原，在这一点上他很自觉地执行了，而且做得很好。为了以防万一，医生让他随身携带一支肾上腺素笔，假如不小心又犯病了，立刻扎一针就能很快地缓解症状。

按道理来讲，这个治疗方案非常不错，然而这个美国小伙子仍然时有发病。后来，他听说中国的某个医院可以治疗这种病，就专程赶到中国就医。

接诊的是该医院变态反应科主任王医生。王医生把所有的变应原都对他检查了一遍，最后得出结论：没有其他变应原，只有花生会引起他的过敏反应。

既然只有花生是变应原，而且按照美国小伙子的说法，他已经完全脱离了这种变应原，怎么还会发病呢？

王医生分析以后断定：这个美国小伙子还没有完全脱离变应原，应该接触过花生类的东西，只是他不知道而已。

王医生的推理过程如下：

如果他完全脱离了变应原，那么就不会再发病；

他时有发病；

所以，他没有完全脱离变应原。

这里运用的是充分条件假言推理的否定后件式，即否定后件，必须否定前件。

王医生分析，患者接触变应原分为两种情况，其推理过程如下：

或者是接触了明显的变应原，或者是接触了潜藏的变应原；

他远离了所有明显的变应原；

所以，他一定接触了潜藏的变应原。

这里运用的是不相容选言推理的否定肯定式，即否定一部分选言支，就要肯定另一部分选言支。

为了查出潜在的变应原，王医生对美国小伙子进行了详细的询问。

问：“你是否一直远离了花生这种食品？”

答：“是的。”

问：“你是否排除了任何含有花生成分的其他食品，如花生酱、花生奶，或者其他含有花生成分的饮料？”

答：“是的，我平时非常严格地要求自己。”

问：“你是否吃过其他坚果，如腰果、榛子等？”

答：“肯定没有吃过。”

问：“你再仔细想一想，是否接触过其他与花生有关的变应原？”

答：“不好意思，我实在想不出来。”

问：“那你还记得最近是什么时间犯的病吗？”

美国小伙子有些不好意思地回答道：“和我最近刚交的女朋友接吻后犯过病。”

问：“你女朋友是不是喜欢吃花生酱？”

答：“不知道。”

于是，王医生让美国小伙子当场和女朋友通电话，得到的答案是“我的女朋友爱吃花生酱”。

王医生笑着说道：“看来这就是问题的根源。以后你女朋友吃完饭以后记得刷牙，过两个小时你们再亲热，或者干脆就让她别再吃花生酱了。”

美国小伙子说：“真是太高兴了，谢谢您，这次真没有白来中国！”

王医生之所以能够查出潜藏的变应原，除了其医术高明以外，还得益于其缜密的逻辑推理。她首先通过假言推理断定美国小伙子没有完全脱离变应原，然后又通过选言推理断定他接触过潜藏的变应原。正是在这两个推理的基础上，她通过进一步深入调查，终于找到了潜藏的变应原。

二 可怕的“沟通漏斗”

根据沟通漏斗理论，信息在传递的过程中会不断衰减，一个人想要表达出100%的内容，但当他表达出来时，内容信息可能已经衰减了20%，剩下的80%传递到听者那里时，可能就只剩60%被接收了。这是一种生活中的常见现象，即我们在与别人交流时非常困难，甚至感到“鸡同鸭讲”，这是因为每个人的教育背景、知识结构、文化水平和思维方式各不相同。

更何况“听到了”和“理解了”也并非完全等同，在被接收的信息中，可能最终只有40%被听者真正理解和消化。而当听者再向其他人表达该信息时，表达出来的信息又会减少20%。也就是说，在交流的过程中，大概只有20%的有效信息能够被对方真正传达。

其实，沟通漏斗的现象之所以产生，很大一部分原因在于人们在交流时通常默认对方知道并理解自己的逻辑。然而，双方交流的思维逻辑很有可能并不在同一个频道上。我们用A逻辑同对方交流，而对方认为我们是在用B逻辑，因此沟通自然会有障碍。

要想最大限度地避免这种情况，就要努力增强说话的逻辑性，不要想当然地进行省略推理。

逻辑推理是根据多个已知前提一步步推导出结论，其严密性在于要先阐述清楚已知前提，并把话题或观点限制在一个明确的范围内，如果省略掉这个步骤，就会导致省略推理的现象。

梅雪在一家高端品牌服装店工作，平日里热情开朗，勤劳能干，只要顾客进店，她总是第一个迎上前去，为顾客提供服务。正是因为她的热情和专业的销售能力，她比其他导购的销售业绩要好很多。不过，最近一个星期梅雪没能卖出一件衣服，与她平日的表现大相径庭。

店长杨洁婷对此感到很困惑，她密切观察了梅雪的表现，最终发现症结所在。

一天早上，一位顾客来到店里，梅雪第一个迎上前去。然而，这一次她并没有露出招牌式的微笑，而是耷拉着脸，看起来很不开心。导购员露出这种表情，还有哪位顾客会愿意继续消费呢？于是，这位顾客在店里转了一圈就离开了。后来，又陆续进来几位顾客，情况也是如此。可见，梅雪这一周业绩下滑是因为她服务时不够热情。

杨洁婷心中疑惑，梅雪为什么会有这种表现呢？她很快就想到了三种可能：一是梅雪在生活中有了麻烦事，工作时才会无精打采；二是梅雪对自己有抱怨情绪，消极怠工；三是梅雪打算辞职另找出路，故意找碴。

下班后，杨洁婷让梅雪留了下来，询问她最近是否遇到了麻烦事，梅雪表示一切顺利。杨洁婷又问她是否对自己有什么不满，梅雪摇摇头，说：“店长，您一直以来对我这么照顾，我对您很感激，怎么会有不满呢？”

杨洁婷心里想，难道是梅雪打算跳槽，故意找碴？想到这里，杨洁婷一脸不悦，说：“那你为什么不好好工作？”

梅雪一脸茫然，赶忙为自己申辩：“店长，我最近工作一直很努力啊！每次有顾客来店里，我都是第一时间接待他们。但不知为什么，他们就是不愿意购买，我真的无能为力。”

杨洁婷严厉地说：“你的确是第一时间接待顾客，但你每一次都是愁眉苦脸的样子，哪个顾客看到这副表情后会高兴？他们当然不愿意在这里买东西了！”

听到这里，梅雪这才明白杨洁婷的用意，她赶忙解释道：“店长，这并不是我的本意，实在对不起！我最近得了口腔溃疡，一张嘴讲话就疼得受不了。”

杨洁婷这才恍然大悟，原来是自己误会了梅雪，于是立即向她道歉。

在这个案例中，杨洁婷想当然地把自己的逻辑强加在梅雪身上。她并不知道“梅雪得了口腔溃疡”这个已知前提，所以根据前提推出的结论也是错误的。而梅雪也不知道“自己因为口腔溃疡而流露出的表情让顾客不悦”这一已知前提，所以想当然地认为自己一直在努力工作。他们两人在交流过程中都采用了“我以为你知道”的省略推理，从而使误会产生。

因此，当我们察觉到与他人沟通不畅时，不妨认真思考，我们是否也在进行“我以为你知道”的省略推理，找找自己在推理过程中省略了哪些已知前提，再与对方共同确认对已知前提的理解是否一致，这样就能有效地改善“沟通漏斗”的现象。

三 未熄灭的炭炉

2014年3月，北京曾经发生一起“男子搬炭炉入室致同事死亡”的悲剧。

崔某是北京某商贸公司的职工，其妻子没有工作。他买了一个炭炉，打算让妻子做烧烤生意。几个同事知道这件事以后，想让他妻子先做一次烧烤练练手，大家一起品尝一下。当晚，大家吃完烧烤后就坐下来闲聊，其中一人提到“今晚有雨”。

崔某及其同事王某担心放在院子里的炭炉被淋湿，决定把炭炉搬到公司的厨房，但厨房门口有很多塑料袋等易燃物，他们担心有火灾隐患，于是把炭炉搬到了同事刘某和帅某共同居住的宿舍里，放在两个床铺中间的过道上。这时，刘某和帅某二人还没有回到宿舍睡觉。

崔某觉得“炭炉过一会儿自己就会熄灭”，应该不会出事，也没等刘某和帅某回来就和王某离开了。谁知第二天早上，他们迟迟不见刘某和帅某，敲门不应，等撬开门后才发现二人已经煤气中毒死亡。

这个悲剧本来可以避免，但为什么发生了呢？除了他们粗心大意之外，还在于他们不懂得进行正确的逻辑推理。

崔某觉得“炭炉过一会儿就会自己熄灭”，应该不会出事。其推理过程如下：

如果炭炉过一会儿就熄灭，那么就不会产生一氧化碳；

如果不产生一氧化碳，那么就不会致人煤气中毒；

所以，如果炭炉过一会儿就熄灭，那么就不会致人煤气中毒。

（这一推理运用的是充分条件假言推理的肯定前件式，只要肯定前件，就要肯定后件。）

然而，崔某的这个推理是错误的，因为推理的第一个前提是虚假的，至少其真实性还没有得到证明。使用虚假判断做前提，或者使用真实性还没有得到证明的判断做前提，其推出的结论可能是错误的，至少不可靠。

崔某又怎么会知道炭炉过一会儿就会熄灭呢？如果在短时间内不会熄灭该怎么办？如果产生了一氧化碳该怎么办？炭炉上并没有安装烟囱，如果炭炉一直烧着，使人煤气中毒怎么办？

如果崔某逻辑推理能力较强，就应有如下推理：

如果炭炉不能马上熄灭，就会产生较多的一氧化碳；

如果一氧化碳聚集多了，就会致人煤气中毒；

所以，如果炭炉不能马上熄灭，就会致人煤气中毒。

（这一推理同样运用的是充分条件假言推理的肯定前件式。）

如果崔某有如上推理过程，就不会把燃烧的炭炉搬进宿舍，这一悲剧也就能避免了。

四 处心积虑地偷换概念

某小区的钱先生发现自己家中购买的某品牌热水器不出水了，拨打客服电话让维修员上门维修。

维修员修好热水器，从包里掏出一个遥控器大小的黑色仪器，打开厨房的水龙头，把仪器往水下放了一小会儿。

“大叔，您家里的自来水显示重金属指数为200，超标挺严重的。”

维修员说完后，又拿着仪器走到卫生间检测，小屏幕上显示的也是200。之后，维修员从包里拿出一瓶矿泉水，测了一下，只有15。

维修员告诉钱先生：“这个仪器是重金属检测仪，数值在50以下才算正常。”

“我们家的数值是200，问题很严重吗？”

钱先生的询问得到维修员的肯定答复，并称这个城市的水都这样，继而推销净水器产品。

钱先生将维修员打发走以后，给本市的自来水集团客服中心打电话。自来水集团工作人员立即对钱先生家的自来水进行了全面检测，并在几日后出具了具有法律效力的检测报告，报告显示钱先生家的自来水完全达标，不存在重金属超标的问题。

在离钱先生家不远的王女士家也有过这样的经历，她家的洗衣机坏了，便打电话让维修人员修理洗衣机。维修人员修完洗衣机后，主动为她家检测自来水水质，显示数值为600多，后来给她推销净水器产品。

该市自来水集团水质检测中心揭露，这些公司的维修人员偷换概念，用测试水中矿物质等可溶性固体的电导率测试仪误导消费者。其实，这种仪器测出的只是水中矿物质等可溶性固体的含量，根本测不出任何重金属含量。

维修人员偷换概念，将测量的电导率数据谎称为重金属超标，欺骗消费者，甚至以“自来水重金属严重超标”的谣言吓唬消费者，编造自来水水质谣言，以达到推销净水器产品的目的。

马春雷计划近期结婚，所以他一直在为家装而奔波不停，最终他被一家公司的“绿色环保家装”的宣传所吸引，从而确定了该家装公司，为此他比普通家装多花费了近万元。

在与该公司负责人洽谈时，该公司负责人极力地将环保家装与使用环保建材画上等号，表示目前新房装修后的室内有害物质是因为使用不环保建材污染所致，因此合同中规定，在家装过程中该公司将完全使用环保建材，避免污染室内环境。

但家装结束后，马春雷与女友到新房中一看，发现家中的味道很大，在里面待上一个多小时就觉得头昏脑涨。他们找到室内空气检测机构进行检测，这才发现甲醛含量竟然超标4倍多。

马春雷找到该家装公司，但家装公司矢口否认自己使用了不正规的建材。为此，马春雷选择向媒体曝光这件事。

记者经过走访调查后发现，不少小型家装公司都将环保家装作为宣传噱头，且报价均比非环保家装高出数千甚至上万元。记者在采访店员时，店员说道：“店中主推环保家装，其实质就是在家装过程中百分之百选用环保建材，建材环保了，家装自然也就必定能达到环保要求。”

然而，专业人士对此并不认同。专业人士说，环保家装并非如此简单。由于不同建材之间的有害物质释放量会相互叠加，即使是不同建材各自达到环保标准，其叠加在一起时的有害物质释放量也可能超过环保限值。

要保证家装环保，家装公司首先要综合考虑环保建材中有害物质释放的叠加量。此外，环保家装还与施工工艺有很大的关系，家装公司在施工中过度装修、过度使用家装材料、选用辅材不过关、破坏面未做有效封堵等都有可能造成有害物质释放量超标。

因此，消费者选择环保家装时，应从选用建材、施工工艺等方面综合考量家装公司的能力，并在施工后检验家装是否达到环保标准，不可盲目轻信商家的环保家装噱头。

家装公司混淆环保家装和环保建材的概念，从店员的话中可知，很多家装公司为了减少自身成本，多赚取利润，自欺欺人地认为环保家装是由环保建材决定的。

五　被争抢的“黄金座位”

有位记者曾对某市部分小学进行走访调查，发现很多小学一年级的班主任遇到了同一个问题：班里学生的家长悄悄地找到老师，或直接或委婉地要求：“我家孩子的座位能不能安排在中间靠前些？”

大多数家长们心中的“黄金座位”都是：中间靠前，不要第一排。对“黄金座位”的纠结与迷信，勾勒出的是“可怜天下父母心”的复杂心态。

毋庸置疑，每个教室里确实客观存在“黄金座位”——第二、三排正居中的几个位置，看黑板的视线最好，和老师互动交流方便等。对于“望子成龙，盼女成凤”的家长来讲，谁都不愿意让孩子“输在起跑线”上，于是竭尽全力争抢“黄金座位”。

家长关注孩子的座位问题，自然是为了孩子的学习，初心是好的，但如果过分要求甚至不惜代价拼抢，则是对学校教育的某种不恰当干涉。这些家长将学生座位和成绩挂钩并不靠谱，因为学习成绩并非由学生的座位决定的，只要学生努力学习，方法得当，坐在哪个位置都能取得好成绩。另外，家长的这种极端情绪很容易扩散到孩子身上，给其心灵蒙上一层阴影，有明显的副作用。

可以说，迷信“黄金座位”既反映了家长对孩子成长的急功近利的心态，同时也是欠缺教育常识的表现。其实，教师排座位主要依据孩子的身高、视力、听力等方面综合考虑，并非带有主观偏好，其座位虽有前后左右之别，却没有优劣之分，而且座位不是一直固定不变的，老师还会经常调换座位。

有些家长盲目地认为学生座位好，学习成绩才会好。其实，学生座位与学习成绩之间没有必然联系，座位只能是学习成绩好的一个有利条件，不是充分条件，也不是必要条件。因此，家长在这个问题上犯了“推不出”的逻辑谬误。

让每个学生都享有平等的基础教育，这是家长和学生的殷切期盼，也是最基本的合理要求。排座位看似非常简单，却是对教师教育智慧的考验。当下而言，不仅要讲究教育公平公正，平等对待、爱护每一个学生，还要引导家长走出教育误区，与其纠结“黄金座位”，倒不如把功夫下在激发孩子学习兴趣、养成良好习惯上，这才是真正的“黄金教育法”，也更能产生实际效果。

六 这么早就要去学校

新学期开始不久，一个学生放学回家就对妈妈说：“妈妈，不得了，这学期我们要早上7点到校！”

妈妈觉得很奇怪，因为7点到校对学生来说太不符合实际了。进入冬季，天亮得晚，早上学对孩子来说不太安全。于是，妈妈带着孩子去学校看看是怎么回事。

来到学校后，妈妈在门口看到了学校的通知，只见上面写着：按时上学，上午7点进校。

不仅是这个学生的妈妈，很多家长也纷纷来校询问情况。家长们咨询校长，校长否定道：“没这回事，我们是要求学生从上午7点到开课前8点入校，从来没有把上课时间定在上午7点。”

其中一个家长指着学校的通知说道：“校长，这通知太不规范了，学生们看了都产生误会了。”

校长一看，果然如此。校长向家长们解释了原因，原来学校门前的道路正在整修，而有的学生早上6点半就来到学校了，那时老师们还没有到校，存在一定的安全隐患，学校出于对学生安全的考虑，要求学生晚一些到校，也就是说，到7点以后才可以进入校门。

家长听完校长的解释后，这才释然。

案例中这种情况的发生，主要是因为校方的通知在表述上存在歧义。由于脱离了语境，家长和学生们都无法理解7点到校的确切含义，误解为“必须7点进校”，这才发生了让学生和家长疑虑并担心的事情。

七 歌曲涉嫌抄袭的背后真相

2006年央视春节晚会上，一首三人演唱的歌曲受到全国观众的喜爱。然而，后来该歌曲涉嫌抄袭法国电影《蝴蝶》主题曲的传闻纷纷涌现出来。网上有一篇报道称“法国电影《蝴蝶》的导演已经了解到该歌曲抄袭一事”。

据中国版权保护中心法律部律师称，尽管两者在曲调、节拍、意境和歌词样式等方面有众多相似之处，但每一句音调都不同。音乐作品版权只保护表达方式，如词曲，但有个别音节相同或相似并不属于抄袭剽窃，表达意境更不在版权保护之列。另外，音乐作品是否侵权还要经过国家音乐版权专业机构进行鉴定。

该歌曲的创作者和演唱者说，这首歌其实早在1994年就创作了，1997年做成了磁带。1998年，有一位法国朋友曾把200盘磁带带回法国发行，而电影《蝴蝶》2002年才公映。曾有一位朋友对他开玩笑地说：“会不会是法国歌曲抄袭了我们的作品呢？”也就是说，即使涉嫌抄袭，究竟是谁抄袭谁还不能确定。

不过，当时在一切都还未明了的情况下，上述报道就妄下断语，这显然就预设了该歌曲抄袭了《蝴蝶》主题曲。

这种抛弃小心求证，只为追求亮点的炒作和胡乱猜测只会误导读者，成为混淆“涉嫌”概念的虚假预设谬误。

而有的网友评论："我们不必去深究该歌曲是否抄袭，这样动听的歌曲就算是抄袭又有何妨呢？你只要应声入景，尽情享受就够了。"显然，这也是没有逻辑的"不管是非"。

八 差不多先生

赵循是公司里的业务员，在公司里他有一个外号——"差不多先生"。因为他与同事沟通时最喜欢说的就是"差不多"，这让同事们无所适从。

有一次，公司后勤部要大批量地购置一批必需品，赵循申报了一批纸张。采购部门的同事就来问他要买哪种纸，赵循还是那句话："差不多的就行。"

"你这话怎么说的？纸张的种类有很多，你不说我们怎么知道呢？"采购部的同事着急了。

"差不多的都行，只要是书写纸，你就看着买吧。"

"那也不行啊，书写纸也分为很多规格，有16开的，32开的，你到底要什么规格的？"

"都行，你看着办吧，我还有别的要紧事要做呢！"赵循说完，就去忙别的事情了，这让采购部的同事非常无奈。采购部的同事以为公司就是需要一些复印纸之类的东西，所以买了很多16开的白纸。

赵循一看到买回来的白纸，立刻就翻了脸。原来，公司打算让他组织一场活动来活跃公司的工作氛围，他决定组织一次毛笔字大赛，需要大量的宣纸，没想到全买成了这种白纸。

采购部的同事觉得自己很无辜，说："我可是当面问过你的啊，你当时口口声声说买什么纸都行！"

这个案例中的赵循做事不细致，因为他的表述不明确，自己需要什么纸不跟同事讲清楚，总是说"差不多的都行"，这也行，那也行，模棱两可，导致同事买错了纸。因此，在生活和工作中，不管对人对事，一定要有明确的立场，说一是一，说二是二，只有这样，才能避免产生"模棱两可"的逻辑错误。

LOGIC

第十七章

思维方法：强大的逻辑脑

逻辑思维是人们借助概念、判断、推理等思维形式能动地反映客观现实的理性认识过程，又称理论思维。具有强大的逻辑思维能力，我们可以更加全面地认识事物，客观地看待问题，做事更严谨，思考更深入，从而在纷繁复杂的世界中脱颖而出。

一 逆向思维：反其道而行之，问题或许迎刃而解

逆向思维，又称求异思维，人们对某些事物或观点早已司空见惯，甚至有的已成定论，这时我们不妨反过来思考，“反其道而行之”，从问题的对立面去探索，或许可以顺利地解决问题。

与常规思维不同，逆向思维具有以下三个突出特征。

1. 普遍性

逆向思维在人们生活和工作中的各个领域都适用，因为对立统一规律是普遍适用的。只要有一种对立统一的形式，就会相应地存在一种逆向思维的角度。因此，逆向思维也有多种多样的形式，如高与低、大与小、前与后、左与右、上与下、气态变液态和液态变气态等。我们可以从某一个方面出发，联想到与之对立的另一个方面，这就是逆向思维。

2. 批判性

常规思维一般指正向的思维，包括各种常识、公认的或习惯的做法和想法。逆向思维则与之相反，恰恰是对传统、惯例和常识的反叛与挑战。逆向思维可以帮助我们克服思维定式，破除因经验或者习惯形成的思维固有框架，从另一个角度认识并解决问题。

3. 新颖性

大多数情况下，人们习惯于遵循传统的思维模式，循规蹈矩，这样一来获得的知识和答案往往是司空见惯的，人们容易形成僵化的思路。在过往经验的束缚下，人们容易关注熟悉的一面，自动忽略另一面。拥有逆向思维以后，我们就可以尽量避免类似的错误，得到的往往是出人意料、使人耳目一新的答案和知识。

当前，企业对人才的要求不断提高。很多求职者为了吸引招聘者的眼球，在简历上罗列了很多荣誉和成绩。但这样一来，反而把能够给招聘单位留下深刻印象的优点埋没了。

某位应聘者在求职时想出了一个独具特色的吸引招聘者的方法，他在简历的

撰写上采用了倒叙法。一般来说，求职简历上总是先介绍求职者的个人信息、兴趣、爱好等信息，而他从招聘单位比较注重的“工作经验”入手，开篇就抓住了招聘者的注意力。

与其他包装自己、吹嘘自己的求职者相比，他还有的放矢地介绍了自己的“缺点”，而这些“缺点”正好是招聘单位看中的特点，最终他从众多的竞争者中胜出。

现在招聘单位的用人理念早已从寻找“最优秀的人”转变为寻找“最有特点的人”，而用逆向思维写成的求职简历也体现了一个人的思维能力、工作风格和发展潜力等。

二 发散思维：多元化思考，另辟蹊径寻求答案

发散思维，又称多向思维、扩散思维，指从思维中的某一点出发，根据不同的路径来进行思考，寻找多元化的答案。在思维过程中，我们要积极地调动想象力，突破固有的思维框架，朝各个方向扩散，从不同的角度思考，让知识进行全方位的重组，从而寻找到更多的解决方法。

在日常生活中，“一物多用”就是发散思维的典型体现。对于大多数成年人而言，他们对生活中的大多数事物已经习以为常，所以不愿意花费更多的时间和精力去思考和推敲，对这些事物的思维定式早已根深蒂固。

在哈佛大学心理学系的课堂上，老师在黑板上画了一个大圆圈，提问这是什么。学生们的回答完全一致：“这是一个圆圈。”如果用同样的问题提问幼儿园里的小朋友，我们可能会得到各种各样的答案，如苹果、太阳、月亮、皮球等。尽管大学生给出的答案更接近实际情况，但幼儿园小朋友的思维更活跃，他们的思维就是发散思维。

发散思维一般具有以下四个突出特征。

1. 流畅性

流畅性指人们要在很短的时间内尽可能多地萌生新的思维观念，并将其流畅地表达出来，同时可以很快地适应并消化新思想。这一点与个人智力密切相关。

2. 变通性

人们要努力突破固有的思维框架，用新思路探索事物，运用触类旁通、横向类比、跨域转化等方式促使自己的思维朝不同的方向扩散。

3. 多感官性

人们在展开发散思维的过程中，不仅要积极调动听觉和视觉器官，还要利用其他感官接收并处理大量的信息。不仅如此，发散思维与主观情感之间的关系也很复杂，假如可以赋予信息以强烈的感情色彩，发散思维的效率也会随之提高。

4. 独特性

那些具备较强发散思维能力的人，其反应新奇有趣，与人们常见的反应大不相同，这是发散思维追求的最高目标。

要想成为生活中的强者，我们就必须学会克服思维定式，另辟蹊径，以更积极和开放的心态探索更美好的世界。

有一天，一位犹太人迈着沉稳的步子来到纽约花旗银行的贷款部，他像贵族一般坐在柜台前。贷款部经理对他不敢有一丝一毫的怠慢，赶忙问道："先生，我能为您做些什么吗？"

犹太人回答道："我要借钱。"

贷款部经理很高兴，问："没问题，您借多少？"

犹太人回答道："不多，1美元，可以吗？"

虽然借款金额少得让人惊讶，但贷款部经理仍然礼貌地说："当然可以！尽管您只借1美元，但您仍需要提供担保金，而且金额必须高于您的借款金额。"

犹太人不住地点头，从手提包里拿出一捆捆的钞票，放在柜台上，说："这是100万美元，够不够做担保金？"

贷款部经理非常困惑："这当然够了！不过，您真的只借1美元吗？如果您借80万美元，我们也可以提供这笔借款。"

犹太人笑着说道：“不必了，我来这里之前已经询问过5家银行了，我必须要花一大笔钱才能租下他们的保险箱，相比之下，您这里的租金很便宜，只需要1美元！”

原来这位犹太人随身携带一笔巨款到纽约办事，打算让银行代为保管这笔钱。他可以把钱存在银行，但肯定要办理一系列手续；他可以租用银行的保险箱，但租金又太贵。为了省钱，也为了避免不必要的麻烦，他想出了这个办法，决定在花旗银行借款1美元，并用100万美元做抵押，这样不仅避免了存取钱时各种麻烦的手续，也不需要花大量的费用租用保险箱，同时还获得了法律的许可和保护。

三　侧向思维：思想活泼，从多个角度看待问题

侧向思维，又称旁通思维、横向思维，是一种非常规的思维方式，是发散思维的另一种形式。与正向思维不同，侧向思维是沿着正向思维旁侧开拓出新思路的一种创造性思维，即利用其他领域里的知识和资讯，侧向迂回地解决问题的思维方式。

侧向思维经常用于技术创新构想产生过程的前阶段，这就要求思维主体头脑灵活，善于另辟蹊径。纵观世界科学发展史，很多科学奇迹的创造正是通过侧向思维来打开传统思维的枷锁而诞生的。

日本刚生产出圆珠笔时，发现了一个困扰不已的问题：圆珠笔在书写一段时间后会因圆珠磨损而漏油。很多工程师为此想了很多方法，如改进圆珠质量，改进油墨性能，但漏油问题还是存在。

东京山地笔厂的青工渡边发现四岁的小女儿在圆珠笔用到快漏油时，就会把圆珠笔丢弃不用，从中得到启发，于是建议老板缩短笔芯的长度，这样一来，不等其漏油，笔油就用完了，结果这项“无漏油圆珠笔”的小发明受到顾客的热烈欢迎，产品销量大增。

侧向思维方法主要有以下几种。

1. 侧向移入

侧向移入指跳出本专业、本行业的范围，不再囿于习惯性思维，将注意力转向更广阔的领域，将其他领域已成熟的技术、方法或原理等直接移植过来加以利用，或者从其他领域事物的特征、属性、机理中获得启发，在原来思考问题的基础上产生创新的设想。

2. 侧向转换

侧向转换指不按最初设想或常规方式解决问题，而是将问题转换为其侧面的其他问题，或者将解决问题的手段转换为侧面的其他手段。

在直升机发明过程中，直升机顶上的螺旋桨在旋转时会产生力量巨大的反扭矩，那么应该如何解决这个问题呢？一般人认为，只要再安装一个沿着反方向旋转的螺旋桨就可以了，但经过试验发现这个办法根本行不通。

这时，一个名为西科斯基的美国人想出了一个好方法，他为直升机安装了一个尾桨，利用这个附加部件消除反扭矩。经过一系列的试验，人们发现在为直升机安装尾桨以后，直升机在重量、复杂度和功率折损等方面有所改进。

3. 侧向移出

侧向移出指将现有的设想、已取得的发明、已有的感兴趣的技术和本厂产品，从现有的使用领域、使用对象中摆脱出来，将其外推到其他意想不到的领域或对象上。这也是一种立足于跳出本领域，克服线性思维的思考方式。

总之，侧向思维的关键是善于观察，在关注研究对象的同时，留心那些表面上似乎与问题无关的事物或现象，或许会偶然间看到侧向思维中的重要对象或者线索。

四 超前思维：把握先机，科学推测未知的事实

超前思维其实是一种预测思维，即科学推测尚未发生的事实，例如，根据本周的天气状况推测下周的天气状况，根据今年的经济发展形势推测明年的经济发

展形势等。超前思维是一种根据现实来推测未来的思维模式，合理地运用超前思维，我们可以未雨绸缪，尽早做准备。

现在是一个竞争的时代，具备超前思维，事事想到别人前面，做在别人前面，才能把握先机，获得更好的发展。很多历史事例也告诉我们，大多数成功者并非最勤学苦干或学识最渊博的人，而是那些善于运用超前思维的人。

例如，卢瑟福打破了放射性原理的束缚，探索并总结了原子分裂的过程，为人类打开了通往核世界的大门；贝尔德对电子技术兴趣浓厚，发明的电视机让人们的娱乐生活和信息传播突破了时间和空间的局限。不管是牛顿的经典力学，还是爱因斯坦的相对论和普朗克的量子理论，都是他们运用超前思维缔结的丰硕果实。

第二次世界大战期间，美国一家规模不大的缝纫机厂生意萧条，工厂主杰克把目光转向未来市场，对儿子说缝纫机厂需要转产改行。

儿子问他改成什么，杰克回答道："改成生产残疾人用的小轮椅。"

儿子当时十分不解，但还是按照父亲的意思办了。经过一番设备改造以后，这家工厂开始上市一批批的小轮椅。随着战争的结束，很多在战争中受伤致残的士兵和平民纷纷购买小轮椅。杰克工厂的产品销量剧增，不仅在本国大卖，还远销国外。

看到工厂的生产规模不断扩大，公司盈利越来越多，杰克的儿子非常高兴，不禁向父亲请教："战争结束了，受伤致残的人越来越少，如果我们继续大量生产小轮椅，可能会供过于求。未来的几十年里，市场上可能会出现什么需要呢？"

杰克问儿子："战争结束之后，人们的想法是什么？"

儿子回答道："人们厌恶战争，战后肯定希望过上安定美好的生活。"

杰克点点头，成竹在胸地说道："美好的生活靠的是什么？靠的是健康的身体。以后人们会追求身体健康，所以我们要为生产健身器材做好准备。"

于是，生产小轮椅的流水线逐渐被改造成健身器材的生产线。开始几年，健身器材的销售情况并不太好。杰克去世后，他的儿子坚信父亲的预测，继续生产健身器材。结果，在战后的10多年后，健身器材开始受到大众的欢迎，很快成为热门产品。当时健身器材的竞争产品不多，他生产的健身器材在市场上独领风骚。

杰克的儿子根据市场需求，不断增加健身器材的品种和产量，扩大企业规模，终于成为亿万富翁。

超前思维可以帮助我们透过重重迷雾，预见不远处的生机勃勃。因此，我们要注重培养自己的超前思维，对事物的历史和现状进行全面和多维度的分析，实事求是，认识并预估未来，从而把握住未来发展的大趋势。

五 收敛思维：聚焦思路，在迷乱中探究真实答案

收敛思维，又称集中思维，在这种思维形式下，每个问题只有一个正确答案。在思考过程中，每一个环节都指向这个答案，因此各种已知信息从不同的方面汇聚于同一个目标。也就是说，收敛思维是综合运用分析、比较、概括、论证、判断和归纳等各种思维方式来获得最合适的答案。

收敛思维具有以下特征。

1. 论证性

收敛思维要求把解决的问题纳入传统的逻辑轨道，按照传统逻辑规则进行严密的推理论证，按部就班、一环扣一环地展开。收敛思维重视因果链条，不允许运用联想和想象代替推理和论证，也不允许思维出现跳跃。

2. 聚焦性

收敛思维强调在解决问题时抓住问题的聚焦点，围绕问题反复思考，浓缩聚拢原有的思维，形成思维的纵向深度和强大的穿透力，在解决问题的特定指向上思考，不断积累，最终量变引起质变，顺利地解决问题。

3. 深刻性

收敛思维注重刨根问底，探究问题的实质。很多问题的实质是隐藏在肤浅的表象之下的，要想成功，就必须揭开表象，探索背后的真相。

面对同一个问题时，人们往往会产生各种各样的思路。收敛思维就是聚焦各

种思路，从不同来源、材料和层次中寻找正确答案。在日常生活中，我们经常会面临诸多选择，需要从中选择最合适的一个，这时就要用到收敛思维。

收敛思维的运用过程大致可以分为三步。

（1）搜集并掌握各种有关信息，掌握的信息越详尽越好，这是运用收敛思维的前提。

（2）分析并筛选信息，保留有用的信息，剔除关系不大或无关的信息。

（3）通过分析、比较、抽象和归纳等思维方式，以客观的态度处理信息，找到这些信息的共性，从而寻找到恰当的结论。

下面这个故事就是收敛思维的典型体现。

1960年，英国某农场主为了节约开支，用发霉的花生喂养农场里的10万只火鸡和小鸭，结果这批火鸡和小鸭大多数患癌症而死。不久，我国某些农民用发霉的花生长期喂养鸡和猪等家畜，也发生了这种情况。1963年，澳大利亚又有人用发霉的花生喂养大白鼠、鱼、雪貂等动物，结果这些动物也大都患癌症而死。

研究人员收集到以上资料后，经过分析与论证，得出以下结论：在不同地区，对不同种类的动物喂养发霉的花生会导致其患上癌症，因此发霉花生是致癌物。后来，经过化验研究发现：发霉花生内含黄曲霉素，而黄曲霉素正是致癌物质。

六　组合思维：发挥想象力，将不相干事物连接起来

组合思维，又称连接思维、合向思维，指各项事物看似毫不相关，但可以通过发挥想象力将其联系起来，从而变为一个不可分割的整体。我们可以运用组合思维将日常生活中熟悉的事物重新排列组合，构成一个全新的事物。

生活中，我们可以看到很多通过组合思维被联系在一起的事物，例如，将牛奶和酵母相结合，创造出了酸奶；将自行车与电瓶相结合，创造出了电动自行车。

一般来说，组合思维的方式有以下几种。

（1）主体附加法，就是以某个既定对象作为主体，通过置换和增添一些其他技术或附件，在此基础上进行发明或创新。

某位中学生曾经发明了一种可以让色盲识别的红绿灯。这个小发明者谈及发明这种红绿灯的原因时，说："现有的交通灯都是红绿色，而色盲无法分辨出这两种颜色，这给他们的生活带来了极大的不便。"他曾经看到一个闯红灯的人，被交警抓了以后，发现是色盲，因为看不出红和绿才做出闯红灯的事情，于是他萌生了发明这种红绿灯的想法。

为了让色盲识别，他充分发挥组合思维，在现有的红绿灯中加入了一些白色的有规则形状的图形，例如，在红色圆形中加入一条横着的白杠，在绿色圆形中加入一条竖着的白杠，从而让色盲能够有效地识别。

（2）二元坐标法，就是按照一定序列对平面直角坐标系两条数轴上的元素进行两两组合，选出其中的最佳组合或者最有意义的组合，从而实现创新。

（3）焦点法，就是预设某个事物为焦点，与所罗列的各要素依次结合，形成若干个联想点，从而在产品、技术、学说或者其他方面寻求突破。

（4）形态分析法，就是通过重新分列并组合与研究对象有关的各形态要素，从整体入手，多方面寻求解决问题的方案。

其实很多事物虽然看似没有联系，但将其组合起来之后能够产生巨大的力量，当我们把各部分或者各要素整合起来，并在此基础上发挥主观能动性，就可以将力量发挥到极致。

七 系统思维：综合要素，从整体上把握全局

系统思维是根据对象的特点，以整体为基础，全盘考虑这个系统的整体与部分、各部分之间、系统与环境之间的各种关系，利用系统分析的方法达到系统目标最优化。

系统思维主要有以下几种。

1. 整体法

整体法，就是在分析和处理问题的过程中，始终从整体考虑，从全局出发，把整体放在第一位，不让任何部分凌驾于整体之上。

2. 结构法

结构法指在进行系统思维时，注意系统内部结构的合理性。系统由各部分组成，部分与部分之间组合是否合理对系统有着很大的影响。一个好的结构，是指组成系统的各部分之间组织合理，是有机的联系。

3. 要素法

每个系统都是由各种各样的因素构成的，其中相对具有重要意义的因素称为构成要素。要使整个系统正常运转，并发挥最好的作用，或者处于最佳状态，就必须对各要素考察周全，充分发挥各要素的作用。

北宋皇帝宋真宗要修建玉清昭应宫。工程规模宏大，有三件事最为困难：一是取土，二是从外地运输建筑材料，三是处理建筑垃圾。

大臣丁谓被指派负责这项艰巨的工程。他很快就制定了修复方案，下令人们直接从施工现场向外挖条大沟，免去长途跋涉去挖土的麻烦。很快，那里就被挖出一条深沟，丁谓又下令将汴河的水引入深沟里，用竹子编成木筏，装载外地来的建筑材料，从水路直接运到施工现场。

待到玉清昭应宫完成后，工匠们又把废弃的瓦砾填入深沟，修筑了一条平坦而宽阔的大道。经过丁谓的精心安排，工程的工期大大缩短，也为朝廷节省了一大笔经费。

在这个案例中，丁谓正是巧妙地把握了这个工程之中各要素之间相互促进的关系，使系统作为一个整体朝着更和谐的方向发展，同时他又精准地把握了各要素之间相互制约的关系，推动它们朝着相反的方向转变，最终达到趋于理想的状态。

4. 功能法

功能法指为了使一个系统呈现出最佳态势，从大局出发来调整或者改变系统内部各部分的功能与作用。在这个过程中，可能使所有部分都向更好的方面改变，从而使系统状态更佳，也可能为了求得系统的全局利益，以降低系统某部分的功能作为代价。

八 求易思维：简化指令，将复杂的事情简单化

在日常生活中，我们会经常面对各种复杂的情况或现象，而拥有求易思维的人总有化繁为简的能力，可以把复杂的事物简单化，甚至概括为几句话或者几个字。

很多人以为求易思维是一种惰性思维，然而简单化在大部分情况下是一种十分有效的思维方式，可以帮助人们更好地解决问题。人的大脑可以储存极其复杂的信息，但在实际生活中只需遵循几个非常简单的指令就能顺利地运转。因此，我们要加工处理大量复杂的信息，从中高度概括出几个最有效的信息，以此实现简单化。

古罗马时期，一位德高望重的预言家在罗马城设下了一个很难解开的结，同时他做出预言："未来的某一天，有一个人终将解开这个结，而这个人会成为整个亚细亚的领袖。"后来，无数英雄豪杰来到这里想要解开这个结，但从未有人成功过。

当时，亚历山大年轻力壮，带领马其顿大军南征北战，他也听说了这个预言。于是，他不远万里地赶到罗马城，想要解开这个结。然而，不管他采用什么方法，仍然无法打开。他转念一想，既然我无法解开这个结，也不能把机会留给他人，于是抽出佩剑将其劈断。就这样，年轻的亚历山大很快打开了那个困扰人们的结，而他也很快成为亚细亚的领袖。

可见，面对一些棘手的问题时，使其简单化往往是最有效的办法。在生活中，很多规章制度约束着人们的一言一行，有些规章制度苛刻古板，过于冗杂和烦琐，给施行和监督造成了很大的困难。

有一家工厂经营不善，连年亏损，濒临破产。就在这家工厂生死存亡的关键时刻，一位新的总经理上任了。他发现工人工作散漫，甚至不知道如何利用上班时间。这位总经理开会时强调了这个问题，车间主任告诉他，工厂有一套十分详细的规章制度约束工人。车间主任从档案室里翻出了一大摞管理条例，总经理一看，居然有5本！

总经理随手翻看了一下，说："这些管理条例太冗杂了，谁能记得住？"于是，他制定了两项最简单的管理条例，用"四无"和"五不走"来概括。

"四无"是针对车间提出的，要求车间内无杂物、无垃圾、无闲聊、无随意乱放的半成品或成品；"五不走"是针对工人提出的，要求他们在下班时没擦干净设备不走，没摆放整齐材料不走，没做好清点不走，没做好记录不走，没打扫干净车间不走。

这两项管理条例加在一起只有9条，既简单又清楚，还很方便记忆。从此以后，工厂的运转情况逐渐好转，这一切得益于总经理运用求易思维来解决管理方面的问题。